Daniele Gasparri

Astronomia per ragazzi

La spettacolare vita delle stelle

Copyright © 2015 Daniele Gasparri
ISBN: 978-1508549451

In copertina: Al centro l'aspetto del Sole visto attraverso un apposito telescopio solare, circondato da un'atmosfera molto estesa chiamata corona, questa visibile solo durante le eclissi totali di Sole o dallo spazio. In basso, due fasi molto violente della fine delle stelle; a sinistra un lampo di raggi gamma che anticipa un'enorme esplosione chiamata ipernova. A destra lo scontro tra due stelle di neutroni, tra gli oggetti più strani dell'Universo.

Indice

Introduzione

Nulla nell'Universo vive in eterno, nemmeno l'Universo stesso.

Questa è la storia della vita ricca di sorprese, a volte lunghissima, non di rado esplosiva, dei suoi abitanti più rappresentativi, quelli che illuminano uno spazio che altrimenti sarebbe così nero da far paura: le stelle.

Quei puntini deboli che possiamo vedere ogni sera sempre uguali, sempre brillanti allo stesso modo e molto deboli, nascondono ai nostri occhi tutta la loro potenza e una storia tra le più avventurose e rocambolesche dell'Universo. Ecco, possiamo immaginare le stelle e la loro vita un po' come quella di noi esseri umani. Alcuni, la maggioranza, conducono un'esistenza normale, senza eccessi, facendo tutte le cose per bene come raccomandano i genitori, le mogli, la società e i medici. Altre persone, così come alcune stelle, conducono invece una vita sregolata, piena di eccessi dall'inizio alla fine e ne pagheranno ben presto le conseguenze, perché la loro esistenza sarà breve ed esplosiva.

Ne avremo modo di parlare in dettaglio nelle prossime pagine, ma prima dovremo cercare di capire cosa sono le stelle e come sia possibile che quei puntini così deboli e innocui siano in realtà oggetti capaci di condurre una vita, di nascere, crescere e morire a volte in modo spettacolare e piuttosto violento.

Stiamo per partire per un viaggio avventuroso, ricco di sorprese e colpi di scena che toccheranno persino le nostre esistenze. Scopriremo le origini del nostro pianeta e dei nostri corpi e capiremo che l'Universo è davvero un posto meraviglioso che tutti dovrebbero ammirare per migliorare le proprie vite.

La stella più vicina

Come spesso capita quando si parla di Universo, l'apparenza inganna. Per cominciare a capire quale sia il vero aspetto di una stella, di quei deboli puntini visibili di notte, possiamo guardare a quella a noi più vicina. Non la vedremo mai di notte, ma illumina tutte le nostre giornate: è il Sole.

Il Sole rappresenta molto bene l'aspetto di una stella normale, come lo sono la maggioranza di quelle presenti nell'Universo. La sua luce accecante (a tal proposito, mai provare a osservarlo senza filtri solari, si può rischiare la vista!) è così potente da riuscire a scaldare tutto il nostro pianeta, che altrimenti morirebbe di freddo nel gelo dello spazio profondo. Grazie all'immensa energia della nostra stella sulla Terra ci sono le stagioni, l'aria, i venti, le piogge, l'acqua e soprattutto la vita. Niente di tutto questo sarebbe stato possibile senza il Sole.

Tutte le stelle, se viste da un po' più vicino, appaiono luminosissime, quanto e persino migliaia di volte più del nostro Sole!

Bene, abbiamo allora già capito che ogni stella, se vista da più vicino, potrebbe apparire simile al nostro Sole. Se di notte le vediamo tutte molto più deboli della più fioca lampadina che possiamo accendere, allora viene in mente una grande domanda: quanto devono essere distanti per apparire così tenui? Forse moltissimo, ma a questa domanda risponderemo tra poco. Prima, infatti, dobbiamo scrutare meglio il nostro Sole perché è l'unica stella che possiamo osservare abbastanza da vicino per capire come sono fatte tutte le altre.

E allora, stando ben attenti a non bruciarci, cominciamo a cercare di imparare qualcosa di più. Grazie a tante generazioni di scienziati, alcuni dei quali hanno rischiato persino la vita per difendere le proprie idee come Galileo Galilei, sappiamo moltissime cose sul Sole.

Prima di tutto la distanza dal nostro pianeta. Potremmo infatti pensare che sia così brillante perché si trova molto vicino alla Terra, ma non è così. Mai infatti commettere l'errore di pensare all'Universo e ai suoi corpi celesti secondo le scale di distanze e tempi a cui siamo abituati nella vita di tutti i giorni. La distanza del Sole dalla Terra è di ben 150 milioni di chilometri, un numero esorbitante. Per capire quanto sia enorme pensiamo che per fare un giro completo del mondo basta percorrere solo (si fa per dire) 40 mila chilometri. La Luna, la nostra compagna di viaggio, è distante appena(!) 385 mila chilometri e per raggiungerla ci vogliono almeno un paio di giorni con le nostre migliori astronavi.

E allora ecco che cominciamo a capire quanto sia potente una stella: se il Sole è distante così tanto e fa comunque tantissima luce, deve emettere un'energia spaventosamente alta. E, inoltre, se nel cielo ci appare grande quanto la Luna piena, ma è quasi 500 volte più lontano, allora deve essere circa 500 volte più grande del nostro satellite, vale a dire oltre 100 volte più grande della Terra.

Come fa, poi, a emettere tutta questa luce? Cosa c'è in superficie di così brillante? Miliardi di lampadine? Niente di tutto questo, piuttosto qualcosa di molto, molto più potente.

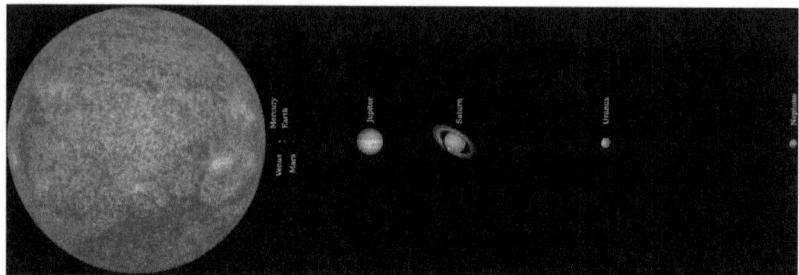

Il Sole, la nostra stella, è 100 volte più grande della Terra, che al suo cospetto sembra un minuscolo puntino. E pensare che su quel puntino trovano posto 7 miliardi di persone!

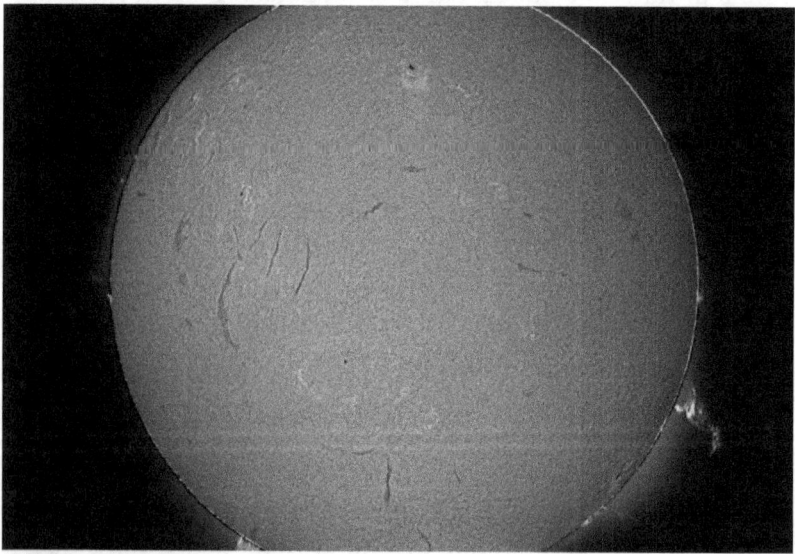

Il Sole osservato con un apposito telescopio, che blocca gran parte della sua enorme luce, ci mostra un aspetto molto simile a quello di tutte le altre stelle: un'immensa sfera di gas incandescente, la cui superficie è solcata da esplosioni, protuberanze, macchie.

L'energia delle stelle

Il Sole, come tutte le stelle, è una gigantesca sfera di gas incandescente. Non esiste una superficie solida come qui sulla Terra, c'è solo gas, che è sempre più compresso mano a mano che sprofonda verso il centro. L'energia prodotta è inimmaginabile: ogni secondo il Sole produce la stessa luce di un milione di miliardi di miliardi di lampadine. Ecco, se riuscissimo ad accendere così tante lampadine sulla Terra avremmo un'idea di quanto sia potente una stella come il Sole. Meglio però non provarci, perché non esistono in tutto il mondo così tante lampadine e l'uomo non è in grado di produrre così tanta energia, nemmeno se la accumulasse per un miliardo di anni!

Le stelle, quindi, sono delle immense sorgenti di energia. Al contrario dei pianeti o dei satelliti, le stelle emettono energia, emettono luce, ed è così tanta che si rendono visibili anche a enormi distanze da noi.

Cosa produce così tanta energia? Forse già sappiamo che l'energia non si trova in giro gratis e questa è in effetti una delle più importanti leggi con cui funziona tutto l'Universo: l'energia, di cui la luce ne è una delle tante forme, deve essere prodotta da qualche fonte. Non si può creare né si può distruggere, deve provenire da qualcosa che già esiste nell'Universo. Nella nostra vita di tutti i giorni è facile capire quali siano le fonti di energia più usate. La luce si accende perché c'è energia elettrica prodotta dalle centrali elettriche; il telefono cellulare è acceso perché abbiamo caricato la batteria, il telecomando della tv ha bisogno delle pile. Infine le automobili si muovono grazie all'energia fornita dalla benzina, dal carburante che nel motore viene bruciato. Allora chiediamoci: qual è il carburante che mantiene accesa quell'enorme lampada che è il Sole e tutte le altre stelle? Possiamo essere in difficoltà nel capire quale sia ma non c'è dubbio che debba esserci per forza.

Benché le stelle si conoscano sin da quando l'uomo ha alzato gli occhi al cielo, solo meno di 200 anni fa si è compreso quale fosse il carburante e soprattutto il motore che usando quel carburante è in grado di fornire tutta l'energia che sprigionano.

Il carburante principale delle stelle si chiama idrogeno, un gas molto raro sulla Terra ma che rappresenta oltre il 70% di tutta la materia dell'Universo, rendendolo quindi di gran lunga l'elemento più abbondante. L'idrogeno è un gas molto infiammabile e se avvicinato a una scintilla e fatto interagire con l'ossigeno dell'aria prende fuoco e genera acqua. Ma questo non è il modo in cui l'idrogeno viene bruciato dal motore di ogni stella.

Per capire cosa succede dobbiamo affrontare un impossibile viaggio attraverso il cuore delle stelle, fino ad arrivare a una zona, detta nucleo, nella quale il gas è così caldo che scioglierebbe ogni cosa, ma allo stesso tempo è così compresso che è più duro dell'acciaio.

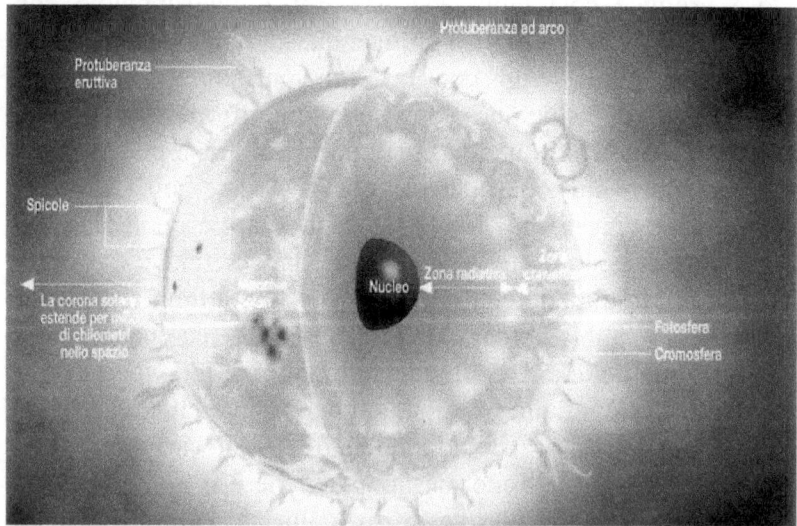

Nel nucleo di ogni stella si nasconde il motore e il serbatoio che gli permette di produrre l'enorme quantità di energia osservata.

Nel nucleo di ogni stella la temperatura supera i 10 milioni di gradi, qualcosa che non si potrà mai sperimentare, per fortuna, qui sulla Terra nemmeno nelle giornate più calde.

Ogni gas è composto da particelle molto piccole dette molecole (se il gas è freddo) o atomi, come in questo caso in cui è molto caldo. Gli atomi, quindi, sono i mattoni fondamentali della materia: ogni cosa è costituita da atomi. Quando un gas, composto per gran parte da idrogeno, è sottoposto a temperature così alte, gli atomi hanno la tendenza a unirsi per formare un nuovo elemento, l'elio. Dall'unione o, meglio, dalla fusione di 4 atomi di idrogeno nel centro di ogni stella si forma un nuovo atomo, un nuovo gas, detto elio. Potrebbe non dirci nulla questo fenomeno, ma in realtà è una delle più grandi scoperte della scienza. All'interno delle stelle, infatti, avviene qualcosa di quasi magico, che nel medioevo gli alchimisti cercavano di replicare senza successo: trasformare un elemento in un altro. Gli antichi alchimisti tentavano di trasformare il piombo in prezioso oro. Nelle stelle succede una cosa simile: l'idrogeno viene trasformato in elio e, come vedremo, nel corso della loro vita trasformeranno l'elio in carbonio e ossigeno, gli elementi fondamentali per la nostra esistenza e persino il ferro in oro e platino. Sì, la magia che per tantissimo tempo gli uomini hanno cercato di riprodurre senza averne alcuna conoscenza si può davvero fare con la scienza, grazie allo studio della vita e delle proprietà delle stelle: non è fantastico?

Molti elementi possono essere fusi con le giuste, altissime, temperature e almeno fino al ferro da questa strana unione si produce energia. La fusione degli atomi di idrogeno in elio è tra le più facili da ottenere perché avviene a temperature più basse di molte altre e produce inoltre la più grande quantità di energia rispetto a tutti gli altri carburanti.

Quanta è questa energia? Dovremmo ormai aver capito che l'Universo è una perfetta unione di numeri molto grandi e molto piccoli; sembra quasi che al Cosmo non piacciano le vie di mezzo. E così basta un grammo di atomi di idrogeno (una quantità molto piccola) che si fondono per rilasciare la stessa dose di energia prodotta da 11 tonnellate di carbone che bruciano in una delle nostre centrali elettriche! Per capire quanto è piccolo un grammo prendiamo una monetina da 1 centesimo; bene, questa pesa poco più di 2 grammi.

La fusione nucleare

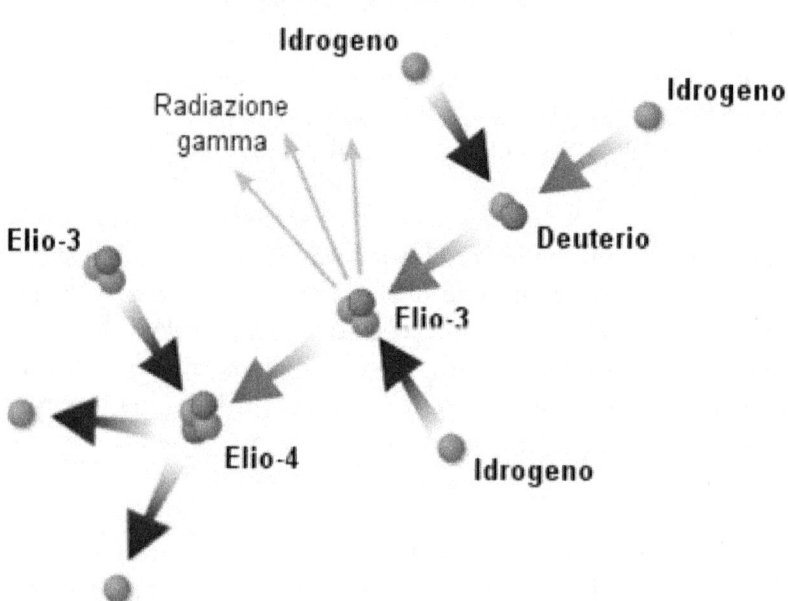

La fusione nucleare è il meccanismo di produzione dell'energia che permette a tutte le stelle di vivere e splendere. Si inizia fondendo l'idrogeno, l'elemento più semplice ma anche il pasto preferito di ogni stella, perché il più energetico.

È allora sorprendente capire che se gli esseri umani riuscissero a utilizzare l'energia delle stelle qui sulla Terra potrebbero generare enormi quantità di energia pulita (la fusione dell'idrogeno non produce inquinamento), quasi gratuita e in pratica infinita perché l'idrogeno lo potremmo estrarre dall'acqua degli oceani e ci basterebbe per miliardi e miliardi di anni. Ecco un bellissimo esempio pratico sull'utilità della scienza e dell'astronomia in particolare: la nostra salvezza come esseri umani e la salvezza stessa del pianeta, così maltrattato dalle nostre attività, passa per forza di cose dall'osservazione dell'Universo, perché nell'infinità del cielo troveremo sempre la risposta a tutti i nostri problemi.

Perché unire due elementi per formarne un altro produce così tanta energia? La risposta non la sappiamo, è la Natura che ha deciso in questo modo. Noi possiamo solo capire come funziona, non il perché funziona così. Possiamo arrivare a capire, allora, da cosa è prodotta tutta questa energia. Un atomo di elio è infatti formato dall'unione di 4 atomi di idrogeno, quindi ci aspettiamo che un atomo di elio pesi quattro volte più di un atomo di idrogeno. Tuttavia, se riuscissimo a prendere i singoli atomi e a pesarli su una sensibile bilancia vedremmo qualcosa di sconvolgente: un atomo di elio pesa meno di quattro atomi di idrogeno e questo è vero per tutti gli atomi di elio che esistono nell'Universo. Com'è possibile tutto questo? Perché se metto insieme 4 particelle che pesano tutte allo stesso modo per comporne un'altra, questa pesa meno di quanto previsto? La differenza di peso è molto piccola, così si potrebbe pensare che la nostra bilancia non sia precisa o che le particelle di un gas non pesino tutte allo stesso modo, ma non è così. Tutte le particelle di idrogeno hanno lo stesso peso, così come tutte le particelle di elio e qualsiasi altro materiale presente in Natura. E se anche la nostra bilancia non fosse precisa, è possibile che tutte le bilance del mondo trovino sempre lo stesso risultato? Una particella di elio pesa sempre lo 0,7% in meno di quattro particelle di idrogeno. È un valore piccolo ma fondamentale e, poiché la matematica non è un'opinione, i calcoli dovrebbero tornare.

Proviamo a immaginare qualcosa un po' più vicino alla realtà quotidiana. Siamo in quattro amici e ci pesiamo uno alla volta; uno pesa 50 kg, l'altro 60, un altro 55, un altro ancora 70. La somma sarà: 50+60+55+70 = 235 kg. Se ora saliamo tutti insieme sulla bilancia ci aspettiamo che il peso totale sarà pari alla somma appena fatta, invece la nostra bilancia ci sorprende e dice che tutti insieme pesiamo poco più di 233 kg. Se ci pesiamo di nuovo uno a uno la somma fa 235 kg ma insieme sempre 233 kg. C'è qualcosa che non torna. Dove sono finiti quei 2 kg mancanti che la bilancia, qualsiasi bilancia, perde quando ci pesiamo insieme?

Bene, se ritorniamo all'idrogeno e all'elio si scopre che il peso mancante è reale ed è quello che ha generato l'energia. Durante i processi di fusione una piccola parte della materia, solo lo 0,7%, viene convertita in energia. È questa l'origine della grandissima luce delle stelle. La materia, tutta la materia, contiene un'enorme quantità di energia e, se troviamo il modo di convertirla, questa può alimentare le stelle di tutto l'Universo. Quanta è questa energia? Ce lo ha detto per la prima volta uno dei più grandi scienziati di sempre: Albert Einstein, affermando che ogni materiale contiene un'energia pari a $E = mc^2$, dove m è la massa di un oggetto, ovvero la quantità di materia che contiene, e c è la velocità della luce. Anche il nostro corpo, se fosse convertito in energia, ad esempio attraverso la fusione nucleare, potrebbe contenerne a sufficienza per esplodere come la più grande bomba atomica della storia, se venisse rilasciata tutta insieme, o per farci emettere luce per tantissimo tempo, se venisse rilasciata poco alla volta, come fanno le stelle. Quanta energia contiene la materia del nostro corpo? Se la nostra massa è pari a 60 kg, allora l'energia contenuta è pari a quella emessa da 170 mila lampadine da 100 Watt accese per un anno intero. Incredibile, vero? Naturalmente questa energia è potenziale, ovvero serve un motore apposito che riesca a estrapolarla dalla materia, ed è per questo che noi non ci illuminiamo come migliaia di lampadine! Ogni oggetto intorno a noi contiene quindi abbastanza energia per radere al suolo il pianeta come se fosse un'enorme bomba atomica. In effetti le famigerate bombe H utilizzano proprio il processo di fusione nucleare per fondere poche centinaia di grammi di idrogeno e produrre un'enorme quantità di energia sprigionata tutta insieme, che dà vita alla bomba più potente che il genere umano abbia mai conosciuto.

Ecco che abbiamo imparato un'altra cosa importante: a volte la differenza tra energia benefica, come la luce del Sole, e una terribile bomba in grado di radere al suolo qualsiasi cosa è molto sottile. Una bomba è qualcosa che rilascia una grande quantità di energia in pochissimo tempo; una stella, invece, così come il motore di un'automobile, ha a disposizione tantissima energia ma la usa poco alla volta per far del bene e non per distruggere. Perché, alla fine, nessun corpo celeste, nessun abitante dell'Universo vuole far del male a se stesso o agli altri, se non lo richiedono le leggi dell'Universo. È solo l'uomo che a volte si diverte a far del male ai propri simili per hobby, denaro, potere: tutte parole che per l'Universo non hanno alcun significato.

Le stelle utilizzano nel migliore dei modi una delle fonti di energia più grandi e pericolose dell'Universo. Sotto questo punto di vista sono molto più sagge di noi esseri umani, che abbiamo sfruttato la fusione nucleare solo per generare enormi e distruttive bombe atomiche.

Costruire bombe atomiche per noi è più facile che produrre energia controllata e stabile nel tempo. Al momento le nostre centrali nucleari usano il fenomeno della fissione nucleare, opposto a quello della fusione. Un atomo pesante, come quello di Uranio, viene scisso e genera energia ma anche tante altre sostanze inquinanti. Se riuscissimo a usare la fusione per produrre energia non avremmo nemmeno più alcun problema di inquinamento. Il problema principale al momento? Come facciamo a mettere in un contenitore un gas a 10 milioni di gradi che fonderebbe qualsiasi cosa? Non si può, dobbiamo farlo stare sospeso grazie a potenti calamite. Solo che per ora l'energia per scaldare e contenere il gas è maggiore di quella prodotta dalla sua (parziale) fusione che riusciamo a ottenere. Prima o poi, però, riusciremo a sfruttare l'energia delle stelle.

Un'enorme quantità di carburante

Una stella come il Sole ogni secondo trasforma in elio ben 594 milioni di tonnellate di idrogeno. Di questa quantità immensa circa 4 milioni di tonnellate, 4000000000 kg (!), sono convertite in energia. Di fatto la nostra stella perde 4 tonnellate di materia ogni secondo per alimentare il suo motore. Questo sembra un consumo elevatissimo per le nostre abitudini. Una macchina, infatti, consuma circa un litro di carburante, quindi poco meno di un chilo, in una ventina di minuti.

Il razzo che ha portato l'uomo sulla Luna negli anni 60 bruciava 15 tonnellate di carburante al secondo, e infatti rimaneva acceso solo per un paio di minuti. Ma arrivare a 4 milioni di tonnellate al secondo è impossibile: ci vorrebbero 250 mila razzi come quelli che hanno portato l'uomo sulla Luna accesi contemporaneamente!

Con questi numeri, allora, si potrebbe pensare che la vita del Sole sia di breve durata: il serbatoio, fondendo quasi 600 milioni di tonnellate al secondo, finirebbe presto. Invece no, perché la quantità di carburante disponibile nel nucleo del Sole è migliaia di miliardi di volte superiore e consente alla nostra stella di continuare a brillare per almeno 10 miliardi di anni! Poiché il Sole e la Terra hanno circa 4,6 miliardi di anni, ci troviamo a malapena a metà della sua vita. Il Sole, quindi, è per noi come un uomo di circa 40 anni, ancora nel pieno delle sue energie.

Perché le stelle devono avere un motore acceso?

Può sembrare una domanda strana, quasi stupida, ma nella scienza nessuna domanda lo è, anzi, spesso quelle più semplici nascondono le risposte più complicate e istruttive. Perché una stella deve emettere così tanta luce e bruciare un'immensa quantità di carburante? In fondo non potrebbe limitarsi a una vita tranquilla come quella dei più piccoli pianeti? Guardiamo la Terra, ad esempio: esiste e si mantiene viva senza avere una fonte interna di energia, senza produrre una luce accecante e senza rischiare di finire il carburante. Il nostro pianeta, in effetti, potrebbe continuare a esistere per sempre e l'unico modo per farlo morire sarebbe distruggerlo. Perché le stelle hanno scelto di mostrarsi all'Universo come se fossero delle scintillanti gemme un po' vanitose, al prezzo di una vita a volte corta, quando avrebbero potuto vivere per sempre rinunciando al loro splendore?

Le stelle, come ogni altro corpo dell'Universo, non hanno in realtà alcuna scelta ma si limitano a seguire le rigide regole che l'Universo stesso, nel momento della sua nascita, ha determinato senza alcuna possibilità di eccezione.

Le stelle allora brillano e consumano grandi quantità di carburante perché non possono fare altrimenti: il loro motore deve essere sempre acceso perché quando si spegnerà cesseranno di vivere. E non è come una macchina che può esistere anche con il motore spento (sarebbe molto strano se ogni automobile si distruggesse ogni volta che si spegne!): se le stelle spengono il motore centrale, spesso e volentieri si distruggono o si trasformano in oggetti tanto strani che non possono essere più chiamati stelle.

14

Un'immensa forza chiamata gravità

Il motore delle stelle le fa splendere, è vero, ma non per una questione di vanità, non perché vogliono farsi vedere o vogliono pullulare il nostro cielo di piccole luci colorate. Nell'Universo esiste una grande forza che decide quasi sempre la vita, la morte e l'evoluzione di tutti i corpi celesti, compreso l'Universo stesso. Noi esseri umani l'abbiamo chiamata forza di gravità ed è una cosa che sperimentiamo sempre sulla Terra.

Non ne sappiamo il motivo, ma l'Universo ha deciso che ogni oggetto, dal più piccolo al più grande, debba possedere la capacità di attirare altri oggetti. Quanto è grande questa forza dipende da quanta materia è contenuta nell'oggetto. Maggiore è la materia, i fisici direbbero la massa, da non confondere con il peso, più grande è la forza di attrazione che un oggetto esercita su tutti gli altri. È un po' come una calamita che attira i pezzi di ferro, solo che la forza di gravità si esercita tra tutti gli oggetti, non solo il ferro, ed è molto, molto più debole di quella esercitata da una calamita.

È questo il motivo per cui noi esseri umani non ci attraiamo gli uni agli altri: perché conteniamo troppa poca materia per produrre una forza di gravità percepibile.

La forza di gravità diventa riconoscibile quando spostiamo la nostra attenzione su oggetti molto grandi: pianeti, stelle, galassie. E allora ecco che ogni giorno noi combattiamo contro la forza di gravità della Terra. Ci siamo così abituati che spesso neanche la consideriamo, eppure è sempre presente e molto forte. La Terra, infatti, attrae tutti gli oggetti verso il suo centro. Ce ne possiamo rendere conto se proviamo a fare un salto: per quanto siamo forti ricadremo sempre a terra. La forza di gravità si fa sentire di più la mattina quando dobbiamo alzarci dal letto ma questo è un effetto che dipende da noi perché il modo in cui la Terra ci trattiene a sé è circa uguale su ogni suo punto e per ogni persona, in qualsiasi parte del mondo.

Considerare il nostro pianeta come se fosse una speciale calamita che attira tutto quanto ci fa anche capire come facciano gli australiani a rimanere ancorati anche se per noi che li osserviamo su un mappamondo si trovano a testa in giù. La spiegazione è semplice: alto e basso sono aggettivi che possiamo usare nella vita di tutti i giorni e su piccole distanze.

Come facciamo a sapere dov'è l'alto e dov'è il basso? Facile, si potrebbe dire: in alto c'è il cielo, in basso il suolo. Ma se siamo bendati, come facciamo a capire dov'è l'alto o il basso? Semplice: le cose, compreso il nostro corpo, cadono in basso e fanno invece fatica ad andare verso l'alto. Riconosciamo quindi l'alto e il basso dalla forza di gravità che la Terra esercita su di noi. Se questa non ci fosse, come capita nello spazio agli astronauti, non ci sarebbe modo di distinguere l'alto e il basso. In effetti gli abitanti della stazione spaziale hanno arredato tutte le pareti delle loro stanze proprio perché, senza forza di gravità, l'alto e il basso perdono di significato e tutte le pareti sono accessibili.

Quando cominciamo a vedere la Terra come un pianeta rotondo, immerso in uno spazio del tutto buio, le cose cambiano. Stiamo vedendo la realtà da un altro punto di vista, molto più completo del precedente, una cosa che dovremmo fare spesso, anche nella vita di tutti i giorni prima di dare giudizi affrettati. Scopriamo allora che la forza di gravità, in realtà, attira gli oggetti sempre verso il centro della Terra, non verso il basso. Sulla superficie, quindi, avendo una visione limitata tutte le persone diranno che il basso è dove tende ad andare il corpo, mentre in alto si fa fatica e si deve saltare o volare per andarci. Ma se si osserva il pianeta da lontano si scopre che tutti gli esseri umani sulla Terra indicheranno il basso come i punto in cui si trova il centro della Terra e l'alto sarà sempre nel verso opposto. Allora con questa nuova visione e poiché tutti gli oggetti sono attratti verso il centro della Terra che tutti vedono come "il basso" se sono sulla superficie, ecco che un osservatore al polo nord e uno al polo sud non avranno nulla di diverso e nessuno sarà davvero a testa in giù. Interessante, vero?

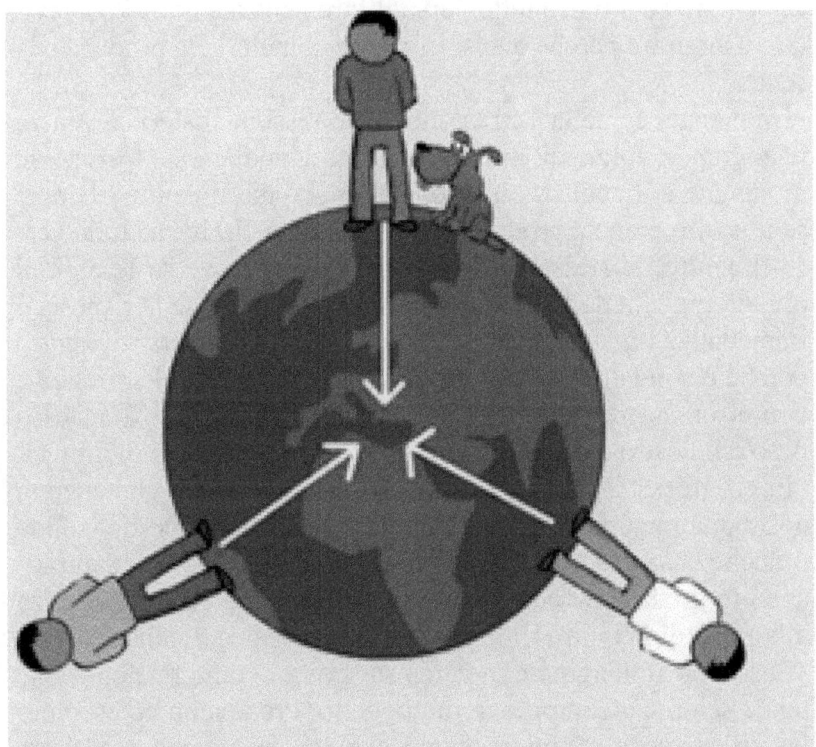

Sopra e sotto sono concetti che possiamo usare solo su piccole scale. Quando iniziamo a vedere la Terra dall'esterno come un corpo celeste sferico, ci accorgiamo che la direzione in cui tutti gli oggetti cadono non è più "in basso" ma sempre verso il centro della Terra. Ecco spiegato perché in realtà gli amici australiani non si trovano a testa in giù e non cadono verso lo spazio. La gravità attrae tutto e lo fa sempre verso il centro del corpo celeste che stiamo considerando.

17

Una estenuante battaglia contro la forza di gravità

Bene, la forza di gravità esiste sempre e ovunque e diventa importante per i grandi corpi celesti dell'Universo. Questa tende sempre ad attrarre tutto verso il loro centro e non si può evitare o aggirare perché qualsiasi pezzo di materia la produce e la sente.

Un pianeta come la Terra contiene tantissima materia e genera una grande forza di gravità. Allora, chiediamoci: perché le montagne e il suolo stesso non cadono verso il centro? Perché se il nostro pianeta produce forza di gravità che attrae tutto verso il centro, la stessa superficie non precipita verso le regioni più interne? La domanda sembra stupida, tanto che la risposta è immediata. La superficie del pianeta non cade verso il centro perché è solida e si comporta come una sedia che ci sorregge e non ci fa cadere; se è bella solida può sopportare il suo stesso peso e il nostro e bloccare quindi l'azione della forza di gravità.

In effetti per i pianeti le cose sono semplici: non contengono così tanta materia come le stelle, quindi le loro superfici solide o anche solo le loro spesse atmosfere (come Giove e Saturno) sono in grado a un certo punto di opporre una cerca resistenza alla forza di gravità e di formare un corpo celeste stabile.

Possiamo immaginare la forza di gravità come qualcosa che tende sempre a comprimere un oggetto. Prendiamo ad esempio un po' di neve e immaginiamo che sia un pianeta che si sta formando. Le nostre mani sono la forza di gravità prodotta dalla neve stessa. Sappiamo che questa tende a far andare ogni fiocco di neve verso il centro, così per simulare il suo effetto cominciamo a stringere con le mani la neve per formare una palla sempre più compatta. Mano a mano che la neve si compatta dobbiamo fare sempre più forza per comprimerla un altro po'. A un certo punto la nostra forza ha un limite perché dipen-

18

de da quanta materia contiene la nostra palla di neve (la massa), tanto che non riusciremo più a compattarla. La forza di gravità dei pianeti funziona allo stesso modo: addensa il gas e il terreno fino a un certo punto, quando questo diventa troppo compatto per poter essere compresso ancora. Il corpo celeste inizia allora la sua storia indisturbato in perfetto equilibrio.

Con le stelle le cose sono molto più complicate. La quantità di materia di questi corpi celesti è molto superiore a quella che forma i pianeti e la capacità di compressione della forza di gravità può essere così violenta da comprimere il gas in una regione piccolissima e di fatto fin quasi a distruggerlo. La resistenza del gas non è più sufficiente a fermare la compressione. Nessun corpo celeste molto più grande di un pianeta, allora, può esistere se non trova una fonte di energia con cui combattere la sua stessa forza di gravità. Ecco spiegato perché le stelle brillano e consumano enormi quantità di energia: per fermare la forza di gravità che sarebbe pronta in ogni momento a strangolarle e a farle scomparire dalla faccia dell'Universo. La vita di ogni stella, allora, è una strenua e incessante battaglia contro la morsa letale della loro stessa forza di gravità, combattuta ogni giorno, ogni momento, per milioni o miliardi di anni.

Per quante stelle possano però crearsi nell'Universo, in ogni sua parte, la forza di gravità esiste in quanto esiste la materia mentre il carburante da bruciare non è di certo eterno, così nessuna stella ha mai vinto la sua personale guerra contro la forza di gravità: prima o poi questa prenderà il sopravvento e determinerà la fine di ogni astro. Ma questo sarà solo il finale, spettacolare, di una storia lunga, emozionante e ricca di colpi di scena che non si concluderà affatto con la fine di tutto.

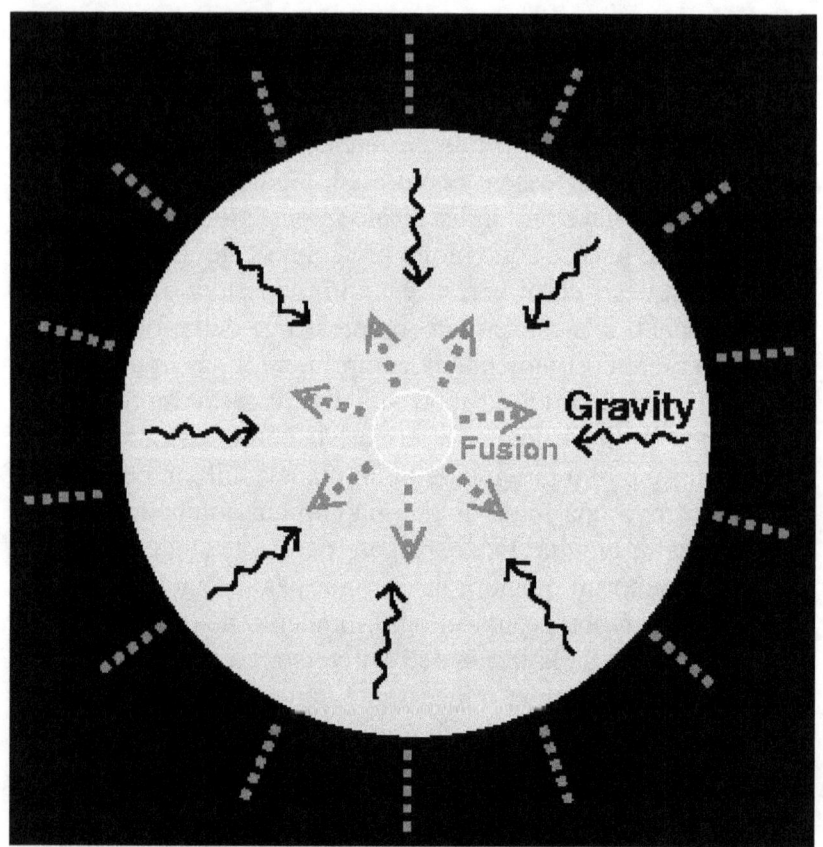

Le stelle non splendono perché vogliono farsi vedere ma perché l'energia prodotta gli consente di combattere la loro stessa forza di gravità, che tenderebbe a schiacciarle all'inverosimile. La luce che osserviamo è un po' come il rumore di una macchina; solo un "effetto collaterale" del motore acceso e funzionante sempre a pieni giri.

Tempi, dimensioni e distanze: c'è quasi da impazzire!

Quando parliamo di Universo dobbiamo essere pronti a partire per un viaggio che metterà a dura prova tutto quello che abbiamo imparato su questo pianeta dall'esperienza di tutti i giorni. I tempi, le dimensioni e le distanze sono qualcosa che noi esseri umani, su questo pianeta, non sperimenteremo mai. Abbiamo già visto alcune quantità incredibilmente grandi e forse ci siamo già spaventati. Ma in realtà una delle cose più belle dell'Universo è proprio la sua capacità di stupire con numeri davvero grandi e, spesso, molto, molto piccoli.

La prima cosa con cui dobbiamo imparare a combattere sono le scale dei tempi. Per noi esseri umani, che viviamo al massimo un centinaio di anni, tempi dell'ordine di 10-20 o 50 anni ci sembrano lunghissimi. Una persona di 80 anni la consideriamo vecchia; se qualcuno supera i 100 anni è quasi un record di longevità. Nell'Universo le cose sono diverse e dobbiamo accettare una cruda verità: noi siamo le formiche dell'Universo, anzi, moscerini, forse addirittura batteri, che per il suo orologio vivono la durata di un battito di ciglia.

Cento anni per l'Universo sono un tempo così breve che a parte situazioni molto particolari non accade proprio nulla: le stelle quasi non cambiano, di certo non si formano, non si creano neanche i pianeti, non vediamo cambiare nemmeno le costellazioni del nostro cielo e non si riescono neppure a creare delle forme di vita su un pianeta che le potrebbe ospitare. Cento anni sono davvero troppo pochi per tutte le cose serie, per tutti i grandi cambiamenti, compresi quelli della vita. Infatti, anche noi esseri umani abbiamo impiegato migliaia di anni di evoluzione per arrivare all'aspetto, all'intelligenza e alla tecnologia che abbiamo ora. I grandi cambiamenti dell'Universo richiedono molto più tempo di quanto noi come individui ne abbiamo a disposizione.

L'Universo ha quasi 14 miliardi di anni; questo è allora un buon concetto di vecchio. I nostri 100 anni, le persone più vecchie che conosciamo, per l'Universo sono oggetti nati più di 13 miliardi di anni fa. I corpi celesti giovani hanno meno di un miliardo di anni, quelli molto giovani pochi milioni di anni. È molto raro assistere a fenomeni in cui qualcosa cambia in meno di qualche centinaio di migliaia di anni. Quindi non stupiamoci se nel corso delle pagine di questo libro, e di ogni altro libro di astronomia, i concetti di giovane e di veloce saranno usati per tempi di circa un milione di anni. So che può essere difficile da accettare ma così funziona l'Universo, non possiamo farci nulla. In verità è la nostra realtà di tutti i giorni a essere troppo limitata e un po' scollegata dall'Universo, quindi abituiamoci a ciò che c'è la fuori perché è la regola; siamo noi l'eccezione.

Non va molto meglio con le distanze. Forse qualcuno avrà già sentito parlare dell'anno luce, l'unità di misura con cui noi astronomi misuriamo gli spazi dell'Universo. Vale però la pena capire meglio cos'è. La luce, infatti, è ciò che viaggia più veloce nell'Universo: niente può andare più veloce della luce. Questa ha anche un'altra bella proprietà: la sua velocità, nel vuoto quasi perfetto dello spazio, è costante, cioè è sempre la stessa e pari a circa 300 mila chilometri al secondo. Se la vogliamo trasformare nella scala di velocità che di solito segnano le nostre automobili e con cui siamo abituati a pensare, allora capiamo quanto è grande: circa un miliardo di chilometri l'ora! Sì, c'è da restare sbalorditi di una velocità del genere! Prendiamo quindi una torcia qualsiasi e accendiamola; questa produce un raggio che si muove a un miliardo di chilometri l'ora. Se ne usassimo una potentissima, la luce arriverebbe sulla Luna in poco più di un secondo e attraverserebbe tutto il Sistema Solare in poche ore.

Eppure, a fronte di una velocità così immensa, le distanze dell'Universo sono tanto grandi che la luce può impiegare decine, migliaia, milioni e persino miliardi di anni per attraversarle.

L'anno luce è definito come la distanza che un raggio di luce riesce a percorrere in un anno di viaggio. Questa è pari all'incredibile lunghezza di 9 mila e 500 miliardi di chilometri! È una distanza spettacolare. Magari i nostri aerei andassero così veloci; potremmo viaggiare da un capo all'altro della Terra in una frazione di secondo! Eppure la stella più vicina al di fuori del Sole dista 4,3 anni luce, circa 40 mila miliardi di chilometri. C'è da impazzire con questi numeri; ecco perché forse noi astronomi abbiamo preferito usare l'anno luce, perché almeno sembrano più piccoli e alla nostra portata!

Gran parte delle stelle visibili nel cielo di notte distano tra qualche centinaia e qualche migliaia di anni luce e sono solo le più vicine. Ecco che allora, forse, dovremmo rinunciare per sempre a viaggi tra le stelle a bordo di astronavi super veloci. Se nell'Universo nulla può superare la velocità della luce, i viaggi, anche con le più avanzate astronavi, durerebbero decine, centinaia e migliaia di anni, solo per incontrare i nostri vicini cosmici.

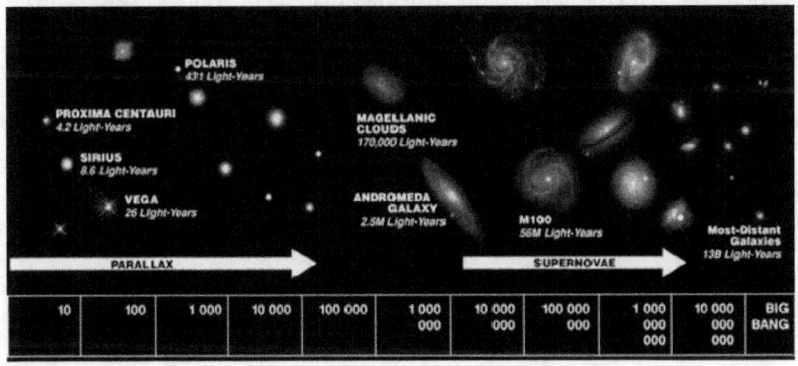

Nella pagina precedente: Tempi, dimensioni e soprattutto spazi nell'Universo sono molto diversi rispetto a quanto siamo abituati a sperimentare su questo piccolo pianeta. Iniziamo a far pratica e abituarci perché siamo noi le formichine, quindi l'eccezione, non le stelle o l'Universo!

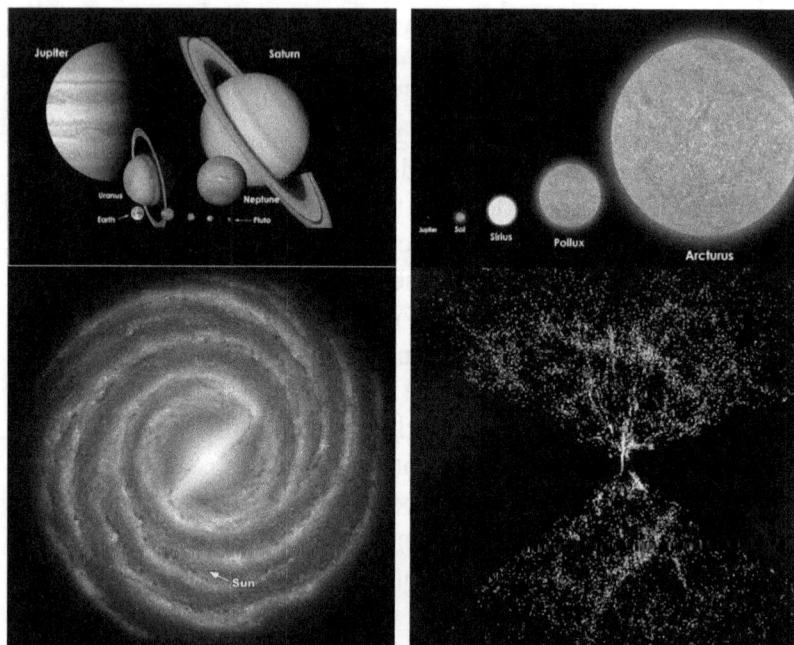

La scala completa delle dimensioni degli oggetti dell'Universo. In alto a sinistra il confronto tra i pianeti del Sistema Solare ci dice che la Terra, che ci sembra già così grande, è molto piccola rispetto a pianeti come Giove e Saturno. Spostandoci a destra notiamo che questi giganti gassosi sono dei punti rispetto alle stelle. Il Sole, dal diametro di 1,4 milioni di chilometri, è tutto sommato una stella piccolina rispetto, ad esempio, alla supergigante rossa Arturo, la terza stella più brillante dei nostri cieli. Come se non bastasse, circa 200 miliardi di stelle formano la Via Lattea, o Galassia, un'immensa girandola cosmica estesa per 100 mila anni luce. Ma anche questa è poca cosa, nient'altro che una delle tantissime oasi dell'Universo. In basso a destra, infatti, ogni punto rappresenta una galassia grande circa come la nostra. Questa è però ancora una piccola porzione dell'Universo.

Le altre stelle. Quante sono?

Il Sole di certo non è l'unica stella dell'Universo. Se in una notte serena e senza Luna riuscissimo ad andare in campagna lontano dalle luci artificiali e alzassimo gli occhi al cielo, vedremmo migliaia di altre stelle, così tante da non riuscirle a contare. Il cielo, quindi, è pieno di stelle, ma lo è più di quanto possiamo immaginare. Quelle che vediamo a occhio nudo, infatti, sono solo le più vicine e brillanti. Se prendessimo prima un binocolo e poi un piccolo telescopio, di stelle ne vedremmo centinaia di migliaia o addirittura decine di milioni. Ma staremmo ancora guardando in una zona prossima al Sole, quindi al nostro pianeta. La verità è che le stelle dell'Universo sono molte più di tutti i granelli di sabbia che formano le spiagge e i deserti della Terra. Sono così tante che non esiste un numero che abbia un nome per esprimerne la quantità e sono concentrate in immense isole chiamate galassie.

Le galassie sono le oasi dell'Universo. Proprio come un assetato viaggiatore vaga senza meta nella desolazione di un grande deserto fino a trovare una verde, piccola e rigogliosa isola di salvezza, così nell'Universo le galassie sono oasi che pullulano di attività, luce ed energia, immerse in uno spazio sterminato, buio, freddo e quasi del tutto vuoto. In queste oasi, minuscole rispetto alla sterminata estensione di quel deserto oscuro chiamato Universo, vivono in modo pacifico centinaia di miliardi di stelle. Sì, centinaia di miliardi per ogni galassia, ecco quante sono le stelle.

La nostra galassia è chiamata Via Lattea e tutte le stelle che vediamo appartengono a questa oasi che per noi è enorme, visto che è estesa per circa 100 mila anni luce!

La Via Lattea, pur essendo immensa e ospitando qualcosa come 200 miliardi di stelle, non è che una piccolissima oasi tra le tante sparse nell'Universo. Si pensa che di galassie ce ne siano più di 300 miliardi, ognuna contenente in media 100 miliardi di stelle. Qualcuno riesce a capire quante stelle possono esserci nell'Universo?

Galassie ovunque! Anche se non riusciamo a vederle a occhio nudo, ovunque nel cielo si trovano milioni, miliardi di galassie. Basta puntare un potente telescopio in una regione a caso e si scoprono deboli fiocchetti di luce che rappresentano queste oasi contenenti centinaia di miliardi di stelle ciascuna. 300 miliardi di galassie, ognuna con 100 miliardi di stelle in media: le stelle sono i corpi celesti più numerosi dell'Universo!

Come sono fatte?

Le stelle sono fatte tutte allo stesso modo, anzi, il funzionamento del motore interno è identico per ogni astro dell'Universo, in qualsiasi luogo e qualsiasi tempo, ed è quello che abbiamo descritto in breve nel caso del Sole, ma che vale la pena analizzare un po' meglio anche per non dimenticarcelo. Tutte le stelle allora sono immense sfere di gas incandescente, la cui temperatura in superficie è compresa tra 2500 gradi per le più fredde e 50000 gradi per le più calde. Mano a mano che si va verso l'interno la temperatura aumenta, così come la concentrazione di gas che diventa sempre più compresso fino a superare la durezza del ferro e dell'acciaio, pur restando sempre un gas! Arrivati quasi al centro troviamo una zona fondamentale che rappresenta il motore e allo stesso tempo il serbatoio di tutte le stelle: il nucleo.

Nel nucleo la materia è molto densa, calda e compressa, a tal punto che qui, e solo qui, si sviluppano i processi di fusione nucleare che, bruciando dapprima idrogeno e in seguito altri elementi, producono l'energia che riscalda e fa risplendere tutte le stelle e permette a loro di bilanciare in modo perfetto la forza di gravità che tenderebbe a farle comprimere all'inverosimile.

Tutta l'energia delle stelle e tutto il carburante per produrla vengono dal nucleo. Le regioni sovrastanti, che rappresentano la grande porzione delle dimensioni di qualsiasi stella, si limitano a ricevere e trasportare questa energia e non parteciperanno mai ai processi di produzione. Queste zone sono identificate con il nome di inviluppo e determinano la forma e le proprietà superficiali delle stelle come, ad esempio, la temperatura e il colore.

Temperatura e colore

Nelle zone nucleari la temperatura affinché il motore inizi a bruciare il primo elemento, l'idrogeno, deve raggiungere i 10 milioni di gradi. Con il motore acceso il nucleo della stella si regola da solo in modo da bruciare la giusta quantità di carburante per mantenere in perfetto equilibrio tutta la struttura, e regola quindi anche la temperatura in modo che rimanga circa costante e intorno ai 15-20 milioni di gradi. Questa è la temperatura interna di tutte le stelle che iniziano la propria vita e la mantengono circa inalterata fino a quando ci sarà il carburante idrogeno da bruciare.

In superficie, invece, le cose sono molto diverse. Le stelle, infatti, se osservate appaiono di colori molto differenti: alcune sono rosse, altre bianche, altre ancora azzurrine. Perché se sono fatte allo stesso modo, e se addirittura hanno la stessa temperatura nel centro, si mostrano a noi così diverse?

Quando osserviamo le stelle al telescopio non vediamo mai l'energia prodotta dal nucleo, che è ben nascosto da milioni di chilometri di gas. Noi osserviamo solo gli strati più superficiali, così come delle spesse nuvole che generano un temporale possiamo vedere solo gli strati più vicini alla superficie e non tutta la struttura che si può estendere per diversi chilometri in altezza. Insomma, anche se fatte di gas le stelle non sono di certo trasparenti!

L'energia prodotta dal nucleo impiega più di un milione di anni per raggiungere gli strati di gas superficiali e dopo un viaggio così lungo e tortuoso non c'è da stupirsi se le sue proprietà saranno molto diverse rispetto a quando era partita. Le reazioni nucleari nel centro producono infatti energia sotto forma di raggi gamma, una particolare luce invisibile ai nostri occhi e molto dannosa per tutte le forme di vita, perché può disintegrare tutte le nostre cellule. È allora un bene che questi raggi gamma prodotti dalla fusione non abbiano vita facile e se si vogliono conquistare la libertà dello spazio devono subire moltissime trasformazioni durante il loro avventuroso tragitto attraverso i densi strati della stella.

Spettro di luce visibile all'occhio umano

| 750 nm | 700 nm | 650 nm | 600 nm | 550 nm | 500 nm | 450 nm | 400 nm |

| 10^5 | 10^4 | 10^3 | 10^2 | 10^1 | 10^0 | 10^{-1} | 10^{-2} | 10^{-3} | 10^{-4} | 10^{-5} | 10^{-6} | 10^{-7} | 10^{-8} | 10^{-9} | 10^{-10} | 10^{-11} | 10^{-12} | 10^{-13} | 10^{-14} | 10^{-15} Metri |

| Corrente alternata | Radio - Televisione - Microonde Onde Radio | Radiazione Infrarossa | Raidazione Ultravioletta | Raggi X | Raggi gamma |

La luce che vediamo è solo una piccola parte di un grande spettro di radiazioni elettromagnetiche che vanno dai raggi gamma, pericolosissimi, alle onde radio, le stesse che sfruttiamo per poter parlare al cellulare. Noi vediamo solo la minima parte di queste onde elettromagnetiche. Alcune le possiamo sentire come calore; è il caso dei raggi infrarossi. Altre le usiamo per scaldare i cibi, come le microonde. Tutte, però, hanno in comune la velocità, che nel vuoto è pari a circa 300 mila chilometri al secondo.

Quando l'energia arriva in superficie non ha più memoria di com'era quando è stata generata, al punto che il suo colore (una delle proprietà fondamentali della luce) è collegato alla temperatura degli strati più esterni della stella. È un po' come se tutto il gas che circonda il nucleo, e che non partecipa affatto alla produzione di energia, si divertisse ad assorbire l'energia proveniente dalla regione sottostante, più calda, e la lasciasse andare solo dopo averla plasmata in base alla propria temperatura. Alla fine l'energia esce sotto forma di luce e il colore che vediamo della stella dipende dalla temperatura dell'ultimo strato che l'ha assorbita dal sottostante e l'ha plasmata a sua immagine. Ora al di sopra non c'è più uno strato in grado di modificarla e quindi riesce a perdersi nello spazio.

Allora, a pensarci bene, abbiamo uno straordinario, quanto semplice, strumento per capire quanto sono calde le stelle in superficie: basta osservarne il colore. E per associare il colore a una temperatura non è necessario inviare qualche impavido a-stronauta con un termometro per poter tarare la nostra scala di misura, basta solo guardarci intorno e osservare la Natura.

Riflettiamo un po'; dove possiamo trovare un fenomeno simile a quello che permette alla superficie delle stelle di emettere luce di un colore collegato alla temperatura? Cosa succede quando scaldiamo un pezzo di ferro sul fuoco? A un certo punto, quando diventa rovente, inizia a diventare rosso: il pezzo di ferro emette luce. Proprio come gli strati superficiali delle stelle, il nostro pezzo di ferro assorbe l'energia del fuoco che è molto diversa, la rielabora e poi la restituisce all'ambiente a sua immagine e somiglianza, in base solo alla sua temperatura. In effetti possiamo scaldare un pezzo di ferro (o qualsiasi altro metallo) come vogliamo: con una fiamma ossidrica che ha un colore blu, con un accendino che produce una fiamma gialla, persino sfregandolo con violenza contro un altro pezzo di ferro. Non importa come si trasmette l'energia: il nostro pezzo di ferro mano a mano che diventa sempre più caldo inizia a emettere luce, sempre con la stessa intensità e colore, perché dipende solo dalla sua temperatura.

Un pezzo di metallo riscaldato, oltre a diventare liquido inizia a emettere luce. Non importa come lo si riscalda, il suo colore e l'intensità della sua luce dipenderanno solo dalla temperatura alla quale l'abbiamo portato. In un modo simile funzionano le stelle: le reazioni nucleari al centro producono raggi gamma che scaldano il gas sovrastante e alla fine, quando l'energia arriva allo strato superficiale, viene emessa solo in funzione della temperatura di quella zona.

30

E allora siamo a cavallo. Un pezzo di ferro aumenta di luminosità e cambia colore, dal rosso al giallo, mano a mano che si scalda. Certo, le stelle sono molto più calde di un pezzo di ferro, ma il risultato è simile: gli astri rossi sono più freddi di quelli gialli, che sono più freddi di quelli bianchi, che sono più freddi di quelli azzurri.

Il colore rosso delle stelle equivale a una temperatura superficiale di circa 2500°C; il giallo pallido corrisponde a una temperatura di 5500°C, come quella del nostro Sole, il bianco a 10000°C e l'azzurro a temperature superiori ai 30000°C.

Le stelle, anche in superficie, sono molto calde, così calde che non c'è materiale solido che possa restare tale. Ecco perché anche se troviamo la presenza di materiali come il ferro, che qui sulla Terra è solido, o al massimo liquido quando lo si fonde a circa 1500°C, questo si presenta sotto forma di gas, per il semplice fatto che è così caldo che è evaporato. Le stelle, quindi, anche se fossero formate solo da un metallo pesante come il ferro, sarebbero comunque sempre gassose perché non c'è materiale che non evapori a cospetto di tanto calore.

Con la nostra piccola esperienza abbiamo scoperto anche qualcosa di sorprendente: gli strati superficiali delle stelle di tutto l'Universo funzionano sullo stesso principio di un normalissimo pezzo di ferro riscaldato qui sulla Terra. Questa è una spettacolare dimostrazione di quelle che sono chiamate leggi della Natura, dei comportamenti che ha deciso l'Universo per poter funzionare e che si applicano in ogni situazione, alle stelle o ai nostri piccoli fili metallici, persino alle lampadine. Le stelle e gli oggetti inanimati si limitano a seguirle. Noi esseri intelligenti possiamo sia capirle che usarle a nostro vantaggio. E allora ecco a cosa serve studiare l'Universo. Tutti i corpi e il funzionamento di qualsiasi cosa è regolato da poche ma ferree leggi e se noi riuscissimo a scoprirle potremmo usarle a nostro vantaggio, magari per migliorare le nostre vite.

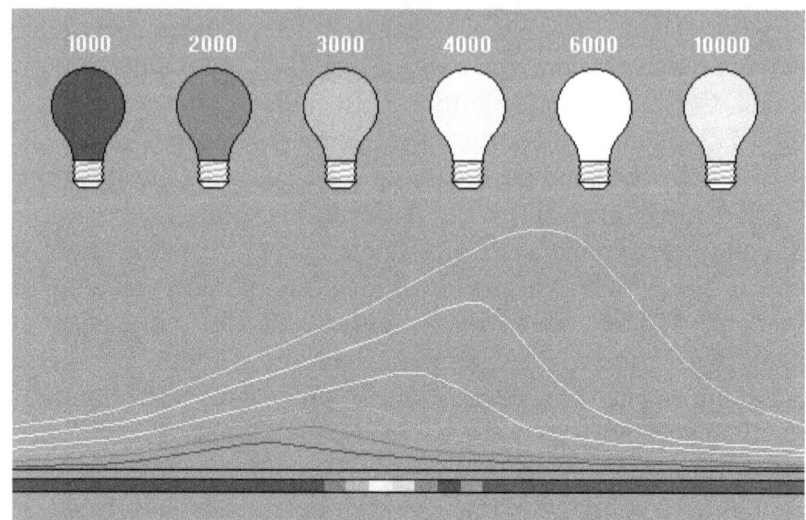

Il colore delle stelle, dunque, dipende dalla loro temperatura superficiale. Più è calda e più questo tende a diventare bianco e poi azzurro.

È successo tante volte, ad esempio con l'invenzione della lampadina: nient'altro che un filo metallico riscaldato a tal punto da fargli emettere luce. E' successo con le lampade al neon, che sfruttano l'emissione di un gas molto rarefatto scaldato, come quello delle nebulose, che come vedremo si generano anche dalla morte delle stelle. Possiamo allora intravedere in tutto questo anche una specie di legge universale degli uomini: guardare alle stelle è il modo migliore per preoccuparsi del futuro della nostra specie.

Certo, qualcuno potrebbe dire che scoprire i segreti e le leggi dell'Universo potrebbe essere pericoloso. Basti vedere cosa siamo stati in grado di fare dopo che gli astronomi hanno scoperto il modo con cui le stelle producono energia: le bombe atomiche. Questo, però, non è un problema dell'Universo né di chi ha voglia di conoscerlo. Non si può pretendere un'esistenza felice e prospera rinunciando alla conoscenza perché si ha paura degli effetti che può portare. Il problema, semmai, è proprio

32

l'opposto: è l'ignoranza di certi uomini a essere pericolosa. Senza osservare o esplorare l'Universo non avremmo avuto molte delle tecnologie così utili ora: non ci sarebbero state le macchine fotografiche digitali, non ci sarebbero stati i pannelli solari, i computer super veloci, l'energia atomica che alimenta le centrali elettriche e nemmeno i navigatori satellitari.

Le leggi della fisica non hanno sentimenti, non hanno scopi buoni o maligni. Sono state create per far funzionare tutto l'Universo e questo è il loro unico scopo. Quando poi arriva qualcuno come gli esseri umani che riesce a capirle e a manipolarle usandole come e quando vuole, allora è solo la sensibilità dell'uomo a determinare se qualcosa può essere usato a vantaggio o svantaggio della popolazione. Di solito gli uomini colti cercano il modo per sfruttare al meglio le leggi della fisica; solo gli stolti e gli ignoranti possono pensare di approfittarsi di una scoperta per usarla contro i loro stessi simili, causando morte e distruzione. Se questi guardassero di più il cielo, capirebbero quanto stupide e superficiali sono le loro idee di conquista del potere, a cospetto di quella che è la realtà esistente, molto più estesa e complicata del loro piccolo ego. Forse in questo modo il mondo sarebbe davvero un posto migliore.

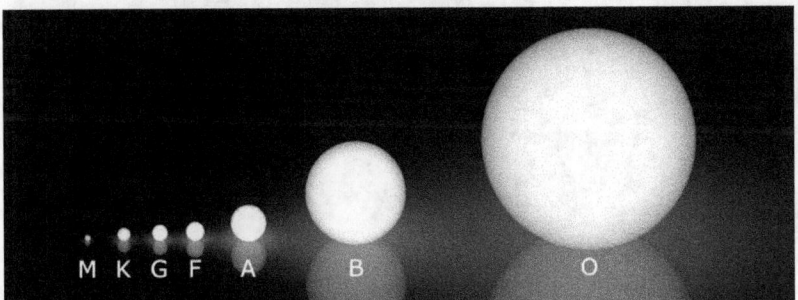

Per gran parte della loro vita le stelle più blu, quindi più calde, sono anche le più massicce e le più grandi. Di certo, stelle blu sono sempre più calde, in superficie, di quelle rosse: questa è una legge della Natura e come tale non ammette eccezioni.

33

La nascita delle stelle

Proprio come l'esempio della neve raccolta e poi compressa per formare una bella e compatta palla da lanciare a qualche nostro amico, le stelle dell'Universo nascono in modo simile, anche se su scale e tempi molto più grandi.

Tutto ha inizio in quelle oasi chiamate galassie, nelle quali oltre a stelle già esistenti troviamo soprattutto enormi quantità di gas e polveri sparse un po' ovunque. In alcune regioni se ne trovano di più, in altre meno, ma in realtà lo spazio di una galassia non è mai vuoto. Certo, se lo confrontiamo con l'aria che respiriamo, allora anche la zona galattica più ricca di gas è comunque migliaia di miliardi di volte più rarefatta, ma per l'Universo questi sono ambienti molto densi.

Il cielo di notte ci sembra un immenso spazio vuoto pullulato qua e là da qualche stella. Ma il nostro occhio ci inganna. Anche se molto più rarefatto del vuoto più spinto che possiamo ricreare qui sulla Terra, lo spazio non è vuoto, altrimenti le stelle non potrebbero nascere…

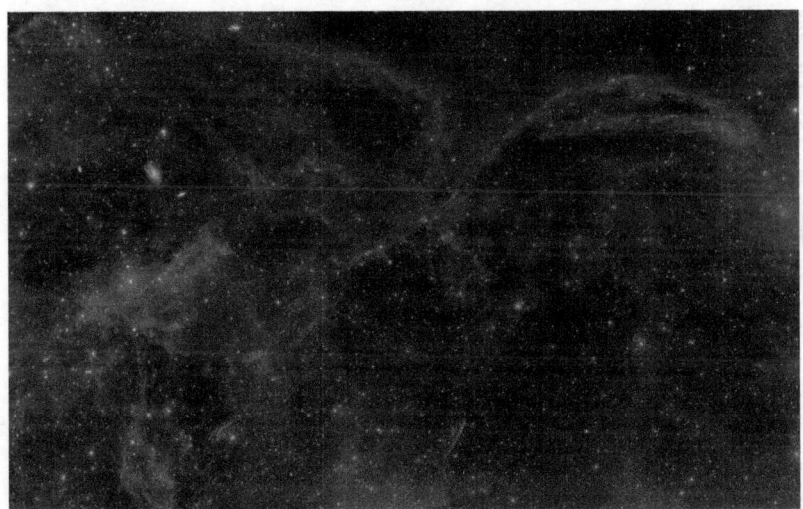

...E infatti guardando meglio ecco che un po' ovunque troviamo zone ric-
che di gas, sia caldo che freddo, e di polveri, simili allo smog delle nostre
città, ma molto più rarefatte. La loro presenza è fondamentale per la nascita
delle stelle, un processo che va avanti da più di 13 miliardi di anni e che è
ancora in piena attività nella nostra galassia, chiamata Via Lattea.

Possiamo considerare queste distese di gas e polveri come se
fossero simili a una tenue foschia, che in certe zone magari si
trasforma in un fitto banco di nebbia attraverso il quale è difficile vedere. È proprio qui, al riparo dagli sguardi indiscreti
provenienti dall'esterno, che si formano le stelle.

Nella Via Lattea possiamo osservare anche a occhio nudo, in
una notte estiva senza Luna e lontano dalle luci della città, diverse zone molto più scure rispetto alle regioni circostanti.
Queste, se a prima vista potrebbero sembrare prive di stelle,
sono in realtà porzioni in cui sono presenti grandissime quantità di gas freddo e denso (per gli standard dell'Universo!), i nostri banchi di nebbia cosmici, le nostre future officine in cui
verranno forgiate nuove stelle. Questo gas, per il 70% idrogeno, che si estende per decine o centinaia di anni luce, è molto
freddo, circa -260°C, e ce n'è in grande quantità.

La Via Lattea estiva come apparirebbe se i nostri occhi fossero abbastanza sensibili. Questa foto, scattata con un normale obiettivo fotografico, quindi senza telescopio, mostra delle bande scure tagliare il disco formato da miliardi di stelle. Queste non sono zone vuote, ma regioni in cui si trovano grandi quantità di gas molto freddo e polveri dalle quali nascono le stelle.

Ormai dovremmo sapere cosa succede quando ci sono grandi concentrazioni di materia in uno spazio tutto sommato ristretto: questa inizierà a sentire la sua stessa forza di gravità. La mano invisibile della gravità inizierà lenta a raccogliere la neve e a comprimerla formando una palla sempre più grossa e densa.

Nel giro di poche decine di migliaia di anni, molto poco su scala cosmica, la grande distesa di gas freddo iniziale avrà già cominciato a raggrupparsi, non in una zona sola per formare un'unica stella, ma in tante zone. In effetti le stelle non nascono mai da sole ma sempre a gruppi di almeno qualche decina di componenti, a volte fino a decine di migliaia: è come se fossero una grande famiglia!

Mano a mano che il gas si raccoglie e viene compresso dalla forza di gravità, questo si scalda: è un normale processo che di solito non succede con le nostre palle di neve ma è molto frequente in Natura, anche nella vita di tutti i giorni.

Poiché le stelle si formano tutte allo stesso modo, noi per non distrarci ci concentriamo solo su una, come se le altre che si stanno formando allo stesso tempo non esistessero.

36

Le stelle si generano dalle parti più fredde e dense di grandi nubi oscure. Quando le stelle poi si accendono illuminano il gas e creano delle visioni spettacolari, come mostra questa immagine del telescopio spaziale Hubble, che ritrae i cosiddetti pilastri della creazione. Queste sono zone in cui si stanno formando decine di nuove stelle e, forse, anche molti pianeti.

Bene; il processo è molto semplice in realtà. Il gas inizia a sentire la sua forza di gravità e si raggruppa attorno a un punto nel quale nascerà la stella. Visto che intorno ce n'è in abbondanza, la stella che si sta formando ne attira sempre di più, diventando sempre più grande e massiccia. A un certo punto supera le dimensioni di un pianeta come Giove e raggiunge un

37

punto di non ritorno: non potrà più permettersi infatti il lusso di vivere tranquilla come un pianeta ma diventerà per forza di cose una stella, perché ormai la forza di gravità è troppo grande per essere fermata senza bruciare del carburante.

Mano a mano che il materiale si raggruppa, questo ne raccoglie sempre di più, un po' come se alla nostra palla di neve continuiamo ad aggiungere altra neve (magari facendola rotolare su altra neve fresca, un ottimo modo per generare palle giganti!). Maggiore è la materia che contiene, maggiore è la forza di gravità prodotta, quindi più grande sarà la forza con cui la palla verrà compressa. Nelle zone centrali questa compressione è massima, anche perché sopra c'è il peso di tutto il gas che preme. Poiché un gas compresso si riscalda sempre di più, a un certo punto il nucleo della stella diventa così compresso, quindi caldo, da superare un limite fondamentale. A una temperatura di 10 milioni di gradi il motore nel nucleo si accende e la produzione enorme di energia è sufficiente a fermare la compressione dovuta alla forza di gravità. L'energia prodotta, e che riesce a uscire dalla stella sotto forma di luce, è anche in grado di ripulire dal gas la zona circostante come un forte vento e fermare quindi la crescita della stella. Nel cielo si è appena accesa una nuova fiammella che brilla e brillerà, forse, per molto, molto tempo.

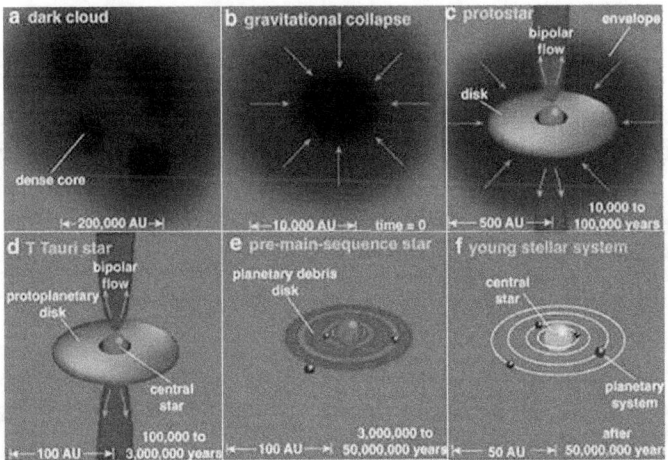

Un semplice schema di come pensiamo si formi una stella come il Sole e, magari, anche un sistema planetario attorno a essa. Una nube di gas fredda e oscura si contrae sotto il suo stesso peso e in qualche decina di milioni di anni formerà un nucleo al centro. Questo contraendosi arriverà a 10 milioni di gradi e darà inizio alle reazioni di fusione nucleare, sancendo la nascita di una nuova stella.

In realtà le stelle amano nascere a gruppi più o meno numerosi. Le grandi e fredde nubi di gas, che si contraggono a seguito della loro stessa forza di gravità, contengono infatti abbastanza materiale per formare 10-100 o migliaia di stelle tutte insieme! Quelle con più materia si accenderanno prima di quelle con meno materia, che per contrarsi e accendersi possono richiedere anche 100 milioni di anni.

39

Più materia hanno e meno vivono

Molti ciarlatani qui sulla Terra si divertono a improvvisarsi maghi e veggenti per cercare di prevedere la vita e la morte della povera persona che è lì davanti e ha pagato molti soldi per una previsione che nessuno può fare. La vita degli esseri umani, infatti, dipende da moltissimi fattori legati alla Natura. Ma in quanto esseri senzienti, siamo anche i padroni delle nostre vite, quindi possiamo alterare in modo significativo e non prevedibile la loro qualità e durata.

L'uomo cerca da millenni un modo, spesso del tutto fantasioso, per prevedere gli eventi e magari le azioni degli altri uomini. Maghi, astrologi, veggenti, medium e chi più ne ha più ne metta sono però tutti ciarlatani che non si rendono conto di quanto sia complicato prevedere le azioni e la vita degli esseri umani, e per di più lo fanno in modo del tutto sbagliato, inventandosi riti magici e trucchi che non hanno alcun fondamento, né alcun legame con le leggi dell'Universo.

Impegnati come sono nel condurre delle vite superficiali a base di potere, denaro e oggetti inutili da comprare, pochi adulti si sono accorti che in realtà c'è una categoria di persone che riesce a prevedere con incredibile precisione la vita e la morte della popolazione più numerosa dell'Universo: le stelle.

Gli astronomi, dopo secoli di osservazioni e una miriade di problemi che non riusciamo neanche a immaginare, hanno fatto in silenzio e con metodo qualcosa di sorprendente: hanno scoperto come nascono le stelle, quanto ci mettono a formarsi, cosa succede durante la loro vita e quanto vivranno. Insomma, sulle stelle noi astronomi sappiamo quasi tutto e così bene che nel momento in cui ne vediamo una sappiamo dire con ottima precisione quanto è calda, quando è nata, quanto è grande, quanta materia ha, per quanto vivrà e in che modo finirà di vivere. Altro che maghi e veggenti! Siamo noi, è la scienza l'unico strumento attendibile per fare previsioni precise. Uno strumento che si può applicare alle stelle o alla vita dei nostri giorni, come prevedere il meteo, gli uragani, le piogge, i tornado, eventuali meteoriti che possono cadere sulla Terra; tutti fenomeni che potrebbero salvare centinaia di esseri umani. Sono pochi ancora gli eventi che possiamo prevedere con precisione, ma di certo se c'è qualcuno su questo pianeta che può vantarsi di conoscere un po' di futuro, questi sono solo gli scienziati e non di certo quei maghi ciarlatani che cercano solo di far soldi.

L'evoluzione della vita delle stelle è uno di quei pochi fenomeni che sappiamo prevedere con ottima precisione, grazie ai progressi della scienza. Nel momento in cui una stella accende il suo motore e inizia a brillare, sappiamo già quanto vivrà. Ed è tutta una questione di massa, cioè di quanta materia contiene il nostro astro. E anche in questa situazione l'Universo è pronto a sorprenderci.

Possiamo infatti pensare che le stelle più grandi, caldissime in superficie e decine di volte più estese e massicce del nostro Sole abbiano tutte le carte in tavola per brillare per tantissimo tempo. D'altra parte, una piccola stellina di colore rosso, a malapena visibile e poco più grande di Giove, sembra nata già malaticcia e forse nessun medico gli darebbe più di qualche anno di vita. Su quale stella saremmo pronti a scommettere? Chi delle due vivrà più a lungo?

Attenzione che l'apparenza ci inganna di nuovo. La durata della vita di ogni stella non dipende dal suo aspetto esteriore, non dipende da quanto si mette in mostra. Anzi, al contrario. La durata della vita di ogni stella dipende quasi del tutto dalla sua massa, ma sono le stelle con meno materia a vivere di più rispetto a quelle enormi e contenenti ingenti quantità di gas.

Sembra esserci uno stravolgimento di tutto quello che siamo abituati a vedere qui sulla Terra. Una stella con una quantità di materia appena sufficiente per farla accendere, poco superiore a quella di un pianeta gassoso, che si è quindi guadagnata con molta fatica il nome di stella, alla fine sarà uno degli oggetti più longevi dell'Universo, forse vivrà addirittura più a lungo dell'Universo stesso.

A pensarci bene, ecco un'altra lezione di vita: anche nel mondo delle stelle quelle che si vogliono mettere in mostra a tutti i costi con una grandissima luce, in realtà sono delle sprecone senza testa che per attirare la loro attenzione si dimenticano che l'energia è un bene prezioso e andrebbe consumata con prudenza.

Il tempo di vita delle stelle più piccole che si conoscono può arrivare fino a 1000 miliardi di anni. Sì, mi sono espresso bene: MILLE MILIARDI di anni, un numero incredibile, molto vicino al nostro concetto di eternità! E in effetti, visto che l'Universo si è formato 13,8 miliardi di anni fa, nessuna stella rossa e piccola dell'Universo è ancora morta. Le stelle massicce come il Sole, che contengono circa 10 volte più materia di quelle piccole nane rosse così attaccate alla vita, hanno un'esistenza più breve: vivono infatti solo (si fa per dire) per circa 10 miliardi di anni. E poiché tutta la vita sulla Terra dipende dalla luce del Sole, quando questo si spegnerà cadrà anche il sipario su tutti gli esseri viventi che abiteranno il nostro pianeta in quel lontano futuro.

Le stelle più massicce del Sole hanno un disperato bisogno di energia per contrastare l'enorme forza di gravità prodotta, un po' come una persona in sovrappeso ha bisogno di molta più energia per compiere un'azione che risulterebbe semplice per chi fosse più snello. Così una stella che contiene 3 volte di più della materia del Sole avrà una vita di soli 300 milioni di anni. Aumentando ancora la materia, la vita si accorcia in modo drastico, così che una stella 30 volte più massiccia del Sole ha energia sufficiente per brillare al massimo solo per 6 milioni di anni.

Le più massicce stelle che si conoscono possono essere considerate come alcune delle più scapestrate rock star qui sulla Terra: conducono una vita di enormi eccessi, bruciandosela in pochissimo tempo. Per le scale di tempo cosmiche questo corrisponde a meno di un milione di anni, davvero un battito di ciglia per l'Universo.

Per capire quanto poco vivono le stelle più massicce possiamo considerarci delle persone modello che non hanno vizi, conducono una vita sana con tanto sport e seguono un'alimentazione corretta. In questo modo, con un po' di fortuna, possiamo sperare di vivere il massimo consentito dalla Natura per la nostra specie: circa 100 anni. Bene, se le stelle più longeve vivessero 100 anni, allora quelle più grandi e massicce, che consumano quantità indescrivibili di carburante per mantenere la loro enorme struttura, vivrebbero meno di un giorno: questa è la differenza che l'Universo ha deciso esserci tra le piccole e parsimoniose stelle e le più grandi e ingorde.

Anche se il nostro stile di vita non dovrebbe incidere così tanto sulla durata della nostra esistenza, direi che abbiamo imparato un'altra importante lezione: essere in sovrappeso e abbandonarsi a vizi poco salutari nuoce gravemente alla salute. Sembra anche questa una legge universale!

Quando finisce l'idrogeno

Per gran parte della loro vita le stelle conducono un'esistenza tutto sommato tranquilla, anche quelle più massicce. Nel loro nucleo bruciano l'idrogeno trasformandolo in elio e si assicurano così un periodo rilassato che gli astronomi hanno chiamato sequenza principale. In effetti l'idrogeno è il pasto preferito delle stelle e anche il più energetico: lo adorano!

Grandi o piccole che siano, però, prima o poi questo succulento carburante finirà nella zona centrale.

Siamo forse stati abituati, fin da piccoli, che se qualcosa in casa finisce la si può ricomprare. Questo vale per la benzina della macchina tanto quanto per il cibo nel frigo che rappresenta il carburante necessario a noi esseri umani per vivere. Magari siamo stati abituati così bene che possiamo scegliere anche il tipo di energia da ingurgitare, perché ce n'è in abbondanza. E se una sera nostra madre cucinasse qualcosa che non ci piace, magari con qualche capriccio la convinceremmo a buttare quello che ha preparato e cucinarci qualcosa di nostro gradimento. Al limite, se è un po' severa e resiste ai nostri occhi da cerbiatto, andremo a letto senza cena: avremo fame ma di certo non rischieremmo di implodere su noi stessi la notte e trasformarci in un cucchiaino di materia informe. La mattina potremo mangiare e scegliere cosa (senza far arrabbiare troppo nostra madre).

Le stelle non si possono permettere tutti questi lussi. Non possono ricaricarsi, non possono fare le schizzinose e non possono andare a letto senza cena perché anche poco tempo senza energia potrebbe costare loro la vita.

In mancanza di distributori spaziali di idrogeno che possano fare il pieno, la stella dovrà trovare qualche altro modo per contrastare la sua forza di gravità che la porterebbe alla distruzione.

44

Quando nella zona centrale del nucleo le grandi abbuffate di idrogeno cominciano a diventare piccoli spuntini e poi saltuari pasti, la stella deve iniziare a preoccuparsi perché sta arrivando il momento in cui si troverà a corto di energia. E quel momento arriva per tutte, prima o poi.

Con l'idrogeno terminato, la fonte di energia che sosteneva la stella viene a mancare. Il motore si spegne e non resta che una sola soluzione: la forza di gravità inizia a prevalere e tutta la stella incomincia a comprimersi, soprattutto la zona attorno al nucleo. Questo piccolo trucco fa aumentare la temperatura di tutta la regione interna. Così se prima, appena fuori dalla zona che bruciava carburante in grandi quantità, l'idrogeno era troppo lontano e freddo per poter essere consumato, ora che la stella ha fatto uno sforzo riesce ad attingere a queste riserve che la precedente fase non aveva quasi per nulla intaccato. Comincia un periodo, non molto lungo a dire la verità, (ma tra poco vedremo quanto significa non molto lungo!) in cui tutte le stelle iniziano a restringere le zone interne in modo lento, aumentando la temperatura di quel poco che basta per arrivare ad afferrare l'idrogeno ancora intatto in una zona sempre più lontana dal centro ormai spento. In effetti, in questa situazione la zona che prima ospitava le laute abbuffate di idrogeno e lo trasformava in elio è spenta. Del tutto composta di elio, è un materiale che la stella potrebbe usare per vivere, ma preferisce l'idrogeno perché per bruciare l'elio dovrebbe fare uno sforzo troppo grande tutto insieme, visto che richiede una temperatura fino a 100 milioni di gradi.

Le stelle, sotto questo punto di vista, somigliano forse a noi esseri umani, soprattutto di lunedì mattina: sono pigre. Se possono scegliere faranno sempre la cosa che richiederà il minimo dispendio di energia. C'è in effetti da capirle: chi svegliandosi la mattina alle 6:30 per andare a scuola o al lavoro ha voglia di mettersi a ballare dalla gioia e magari farsi una corsa per raggiungere il luogo dove deve andare, quando ci può arrivare lo stesso trascinandosi a fatica giù dal letto e lasciandosi trasportare dall'autobus?

Per le stelle in questa delicata fase della loro vita, in cui sono diventate ormai anche piuttosto anziane, il motto è: finché sarà più facile raggiungere e bruciare l'idrogeno, lo faremo. Per cambiare sapore e passare all'elio c'è sempre tempo e lo si farà solo quando non ci sarà proprio più alternativa.

Sebbene l'idrogeno che si trova sopra il nocciolo centrale ormai fatto tutto di elio sia più appetibile e soprattutto facile da raggiungere, perché richiede solo dei piccoli aumenti di temperatura, nel corso del tempo la stella diventa irriconoscibile: è un po' come se la vecchiaia gli arrivasse tutta ad un tratto. In circa il 10% del tempo finora vissuto, ogni stella cambia colore in superficie diventando sempre più rossa e soprattutto aumenta moltissimo di dimensioni, fino a 100 e più volte. E' un cambiamento epocale e irreversibile. Ogni stella per bruciare l'idrogeno attorno alla zona del nocciolo di elio deve contrarre le parti interne ed espandere moltissimo l'involucro esterno. È come se noi ci mantenessimo sempre uguali dalla nascita fino a circa 80 anni e nei pochi anni successivi ci trasformassimo in persone diverse rispetto a come eravamo prima, al punto da non permettere agli altri di riconoscerci più, magari aumentando in altezza (o larghezza per chi preferisce la pancia!) di 100 volte! Sarebbe un mondo stranissimo; eppure nel mondo delle stelle è una cosa normale.

Le stelle blu e bianche, quelle più massicce, sono le prime a subire questa trasformazione. A cambiare non sono solo le loro dimensioni ma anche il colore e la temperatura superficiale. Queste diventano delle supergiganti rosse.

Le stelle più piccole come il Sole arrivano a questa fase molto più tardi e il cambiamento più importante è nelle dimensioni, che possono crescere fino a 100 volte. In pratica, una stella come il Sole può passare da un diametro di 1,4 milioni di chilometri a dimensioni che arriverebbero fino a quasi l'orbita della Terra. Quando il Sole in effetti inizierà a gonfiarsi arriverà a coprire quasi tutto il cielo del nostro pianeta. La sua luminosità sarà centinaia di migliaia di volte superiore rispetto ad ora e nessuno sulla Terra si salverà.

Questa fase è chiamata gigante rossa (o supergigante per le stelle più massicce). Tutte le stelle che cercano idrogeno fuori dalla loro zona centrale diventano giganti rosse. E mai nome fu più azzeccato: la loro pigrizia le fa diventare tra gli astri più grandi dell'Universo.

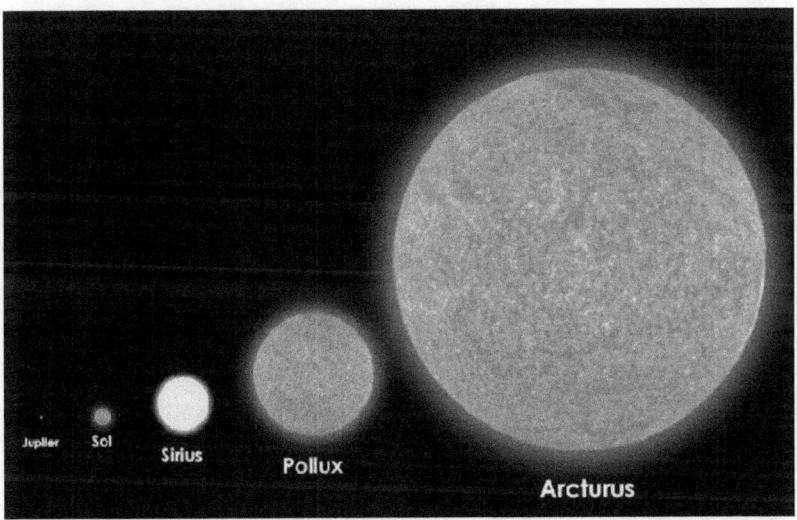

Ogni stella, dopo la tranquilla fase in cui brucia al centro l'idrogeno in elio chiamata sequenza principale, per cercare nuovo carburante contrae il nucleo ed espande gli strati esterni diventando una gigante rossa. Pur contenendo circa la stessa quantità di materia che aveva all'inizio della propria vita, una stella che diventa una gigante rossa è anche 100 volte più grande di prima. Le stelle molto più massicce del Sole diventano così grandi che di solito vengono chiamate supergiganti rosse.

47

Gli strati esterni sono ormai così lontani dal centro che sentono una forza di gravità molto bassa, oltre 100 volte più debole di quella che sentiamo noi sulla Terra. E allora il gas caldo e in movimento degli strati superficiali inizia a perdersi in modo graduale nello spazio. Un flusso di atomi lascia la superficie della stella a grande velocità e crea quello che noi astronomi chiamiamo super vento stellare. La perdita di materia può alleggerire molto la stella, che può perdere un decimillesimo di tutta la sua massa ogni anno.

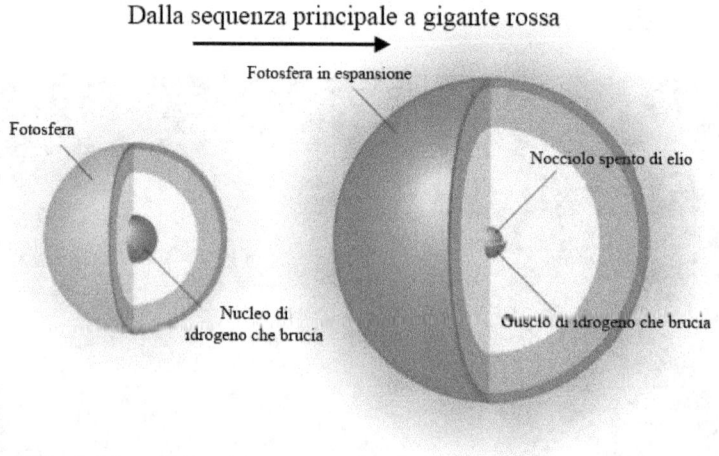

Dalla sequenza principale a gigante rossa

Fotosfera in espansione

Fotosfera

Nocciolo spento di elio

Nucleo di
idrogeno che brucia

Guscio di idrogeno che brucia

Stella di sequenza principale

Stella in espansione: gigante rossa

La poderosa trasformazione di una stella a corto di carburante avviene in un intervallo molto breve, circa il 10% della sua vita. La voglia di nuovo cibo le fa cambiare aspetto e colore in modo anche drastico. Tutte le stelle, infatti, anche quelle che avevano un colore molto blu all'inizio delle proprie esistenze, sono destinate a diventare di una forte tinta rossa.

Anche questa fase è però temporanea e termina prima che il gas esterno venga espulso del tutto, almeno per quasi tutte le stelle. Se le più massicce che conosciamo (occhio a non confondere la massa con le dimensioni, sono cose non collegate!)

48

non fanno neanche in tempo a diventare troppo rosse e quelle più piccole restano giganti rosse tra un milione e 100 milioni di anni (come il Sole), prima o poi arriverà il momento in cui pescare l'idrogeno che si troverà sempre più lontano dal nocciolo centrale di elio diventerà più difficile che iniziare a bruciare l'elio a portata di mano e sempre più abbondante.

Mano a mano che il guscio di idrogeno crea elio per mantenersi, questo viene depositato nelle zone sottostanti e fa crescere il nocciolo creato nella fase precedente. Ormai lo dovremmo sapere: più materia c'è, maggiore è la sua forza di gravità, più grande è la compressione che questa produce. E la compressione di un gas ne fa aumentare la temperatura.

Quando allora la temperatura nel nocciolo di elio arriva in modo graduale alla fantastica cifra di 100 milioni di gradi, tutte le stelle si convincono a utilizzarlo come carburante. Le laute abbuffate ricominciano e gli strati esterni si sgonfiano all'improvviso. La fase di gigante rossa termina, almeno per il momento, e tutte le stelle rivivono una seconda gioventù, un po' come qualche arzillo vecchietto che con la pensione e la buona salute inizia a girare il mondo e a godersi tutti i piaceri della vita, con la consapevolezza che ormai è prossimo comunque al viale del tramonto.

Le stelle più massicce accendono il motore a elio senza troppe scosse, mentre quelle simili in massa al Sole, oltre a metterci più tempo, raggiungono densità del nocciolo così grandi che quando la temperatura arriva a 100 milioni di gradi l'elio si accende all'improvviso, come se fosse una potente bomba. Se non ci fossero gli strati superiori ad assorbire tutta questa energia, come se avessero un gigantesco giubbotto antiproiettile, queste enormi esplosioni che in poco tempo producono l'energia che prima si produceva in miliardi di anni, avrebbero potuto distruggere la stella. Invece non succede, anzi, l'esplosione iniziale del motore a elio serve a questi astri non molto massicci per farlo andare a regime e trovare un equilibrio decisamente più tranquillo.

Struttura di una stella che brucia l'elio al centro

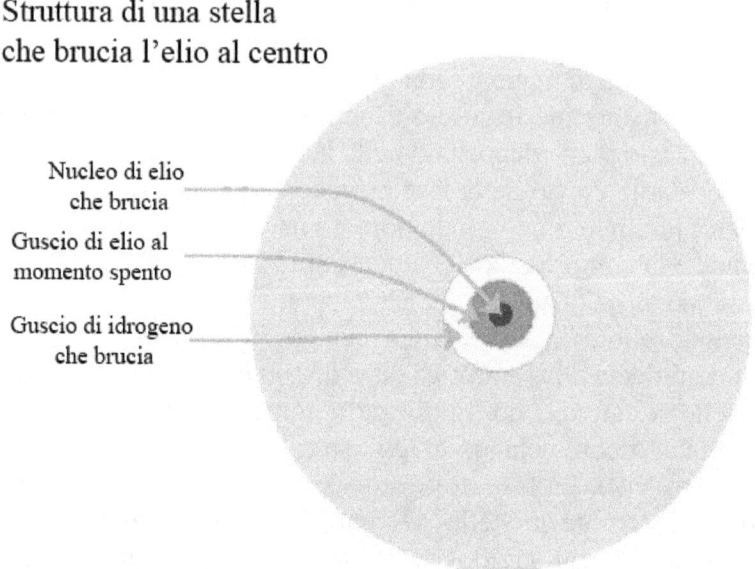

Nucleo di elio
che brucia

Guscio di elio al
momento spento

Guscio di idrogeno
che brucia

Dopo essersi ingrossate all'inverosimile per pescare l'idrogeno nelle zone al di sopra del nocciolo di elio, tutte le stelle più massicce di 0,5 volte la massa del Sole si convincono a bruciare l'elio nel nucleo. Quelle con massa simile al Sole in pochissimo tempo dimagriscono diventando una via di mezzo tra la stella originaria e la precedente fase di gigante rossa, una specie di mezza gigante. Gli astronomi chiamano questa fase braccio orizzontale. Quelle con massa oltre le 15 volte quella del Sole, invece, fanno tutto così in fretta che proseguono il loro percorso verso maggiori dimensioni e colori più rossi, diventando sempre più grandi.

La fusione delle particelle di elio al centro delle stelle produce nuovi elementi che sono importantissimi per la nostra esistenza: il carbonio e l'ossigeno. È impressionante fermarsi allora un attimo, osservare una delle mani che stanno sfogliando queste pagine e pensare che il carbonio del nostro corpo e l'ossigeno che respiriamo, e che compone tutta l'acqua che conteniamo (circa il 70% del nostro peso), si sono formati in questa cruciale fase della vita delle stelle. Se queste avessero ceduto alla pigrizia e non avessero iniziato a bruciare l'elio, noi non saremmo mai esistiti e nemmeno la Terra, perché la superficie solida è anche essa a base di carbonio e di composti legati all'ossigeno.

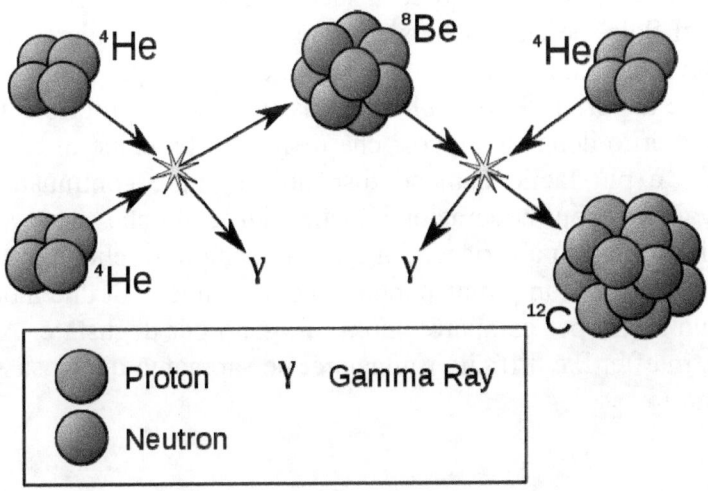

Tre atomi di elio si fondono per formare il carbonio e l'energia necessaria alla stella per vivere. Il carbonio è l'elemento fondamentale di qualsiasi forma di vita qui sulla Terra e all'inizio della storia dell'Universo non ce n'era alcuna traccia.

A essere precisi, ora che ci ho pensato meglio, non tutte le stelle arrivano a bruciare l'elio. Le più piccole che si conoscono e che contengono meno della metà della materia del Sole, dopo 50, 100 e forse addirittura 1000 miliardi di anni di abbuffate di idrogeno decideranno che la loro vita sarà stata già abbastanza lunga. Queste infatti, nonostante si gonfieranno per cercare di mangiare l'idrogeno sopra il nucleo ormai composto di elio, a un certo punto si fermeranno. La temperatura all'interno infatti non arriverà mai ai 100 milioni di gradi necessari per convincerle a bruciare l'elio, mentre l'idrogeno da consumare negli strati superiori sarà ormai troppo lontano e la stella si spegnerà in modo più o meno tranquillo. Gli strati esterni, molto lontani, si disperderanno tutti nello spazio e la stella avrà terminato la sua vita. Di questo parleremo meglio quando tra poco vedremo cosa succede alle stelle di massa simile al Sole, perché anche se queste riescono a bruciare l'elio termineranno la loro vita in modo simile a quelle più piccole.

A dire la verità l'elio, sebbene utilissimo, non è proprio il pasto preferito delle stelle, così che mentre lo bruciano al centro perché è più facile e meno dispendioso, tutte continuano a "spizzicare" con moderazione anche l'idrogeno che si trova in strati sempre più alti rispetto a questo nocciolo di elio. Le stelle, quindi, d'ora in poi dispongono nei loro nuclei di due motori: uno a elio per campare, uno a idrogeno per degustare. Alla gola, in effetti, è difficile rinunciare; ne sappiamo qualcosa anche noi!

Quando anche l'elio nel centro comincia a scarseggiare

Oltre a non essere gradito perché per bruciarlo le stelle devono fare troppi sforzi, così grandi che quelle con massa minore di 0,5 volte quella del Sole ci rinunciano, l'elio ha anche un altro brutto vizio: non fornisce la stessa energia dell'idrogeno. Così le stelle che arrivano a bruciarlo ne mangiano di più per poter mantenere la propria linea. Il risultato è che l'elio al centro dura circa 10 volte meno dell'idrogeno e la stella, ben presto, si ritroverà con lo stesso dilemma di prima: "cosa mangio ora per non morire, se ho finito anche l'elio?"

Tutte le stelle che arrivano in questa fase, prima o poi, terminato l'elio al centro provano a resistere alla fame adottando la stessa tecnica che prima gli aveva garantito ancora un po' di tempo in compagnia dell'idrogeno: le zone interne si contraggono e si scaldano. Questo consente alla stella di andare a bruciare l'elio in un guscio superiore al nuovo nocciolo ormai composto da carbonio e ossigeno e di continuare anche a bruciare l'idrogeno che si trova ormai molto più in su, anche se ancora ben lontano dalla superficie.

L'abbiamo già visto cosa comporta una tattica del genere: la stella cambia di nuovo i connotati, anche se in modo lento. Si gonfia ancora più di prima perché l'elio vuole una temperatura superiore all'idrogeno per poter bruciare.

Quanto si gonfia e il destino che la attende ora dipendono in modo critico dalla quantità di materia a disposizione, cioè dalla massa.

Le stelle diventano delle supergiganti rosse e si trasformano negli astri più grandi che esistono, così enormi che potrebbero contenere al loro interno tutti i pianeti del nostro Sistema Solare.

Come prima, quando le stelle si gonfiano così tanto iniziano a perdere materia. Gli strati esterni sentono la stessa forza di gravità che si avrebbe su un asteroide, quindi basta un piccolo salto per potersi perdere nello spazio. La perdita di materia, poiché le stelle sono tutte più grandi della precedente fase di gigante rossa (anche quelle simili al Sole) è ancora più intensa, tanto che possono perdere in pochi milioni di anni una parte significativa (anche il 40%) della loro massa.

Una cosa è comunque certa: è di nuovo solo una questione di tempo. Cosa succederà quando l'elio e l'idrogeno presenti nelle zone superiori saranno troppo lontani e difficili da pescare? Cosa bruceranno le stelle? Lo vedremo tra breve, ma prima vale la pena capire cosa succede agli strati esterni mentre la zona del nucleo cerca in ogni modo di trovare carburante, già a partire da quando l'idrogeno iniziava a scarseggiare nel centro.

Struttura di una stella quando l'elio al centro è terminato

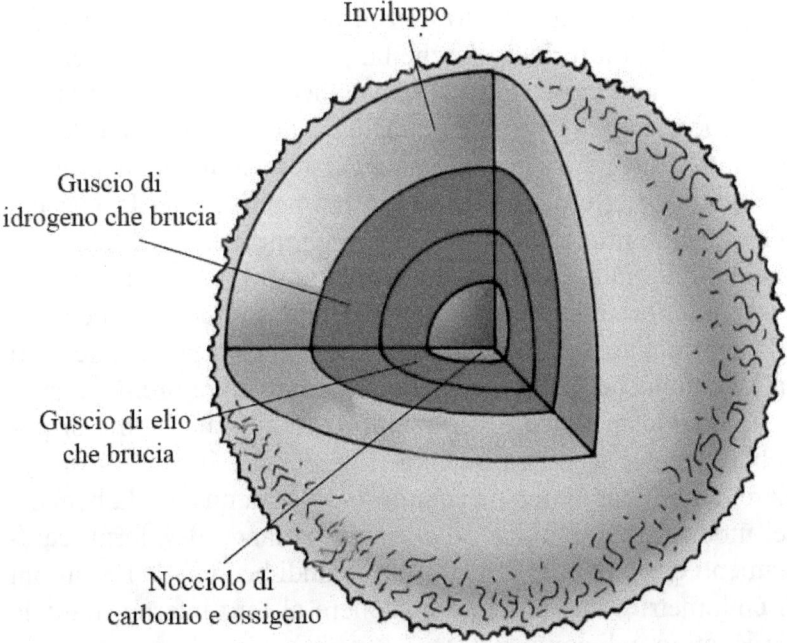

Inviluppo

Guscio di
idrogeno che brucia

Guscio di elio
che brucia

Nocciolo di
carbonio e ossigeno

Prima o poi anche l'elio termina al centro. La stella, se ha meno di 15 volte la massa del Sole, si rigonfia di nuovo, questa volta più che nella fase precedente di gigante rossa, tanto che possiamo considerarle quasi tutte delle supergiganti (ma la definizione non è univoca). Le più massicce proseguono il loro percorso verso delle supergiganti enormi, anche 1500 volte più grandi del Sole, senza mai cambiare direzione né prendersi delle pause.

Quando le stelle si mettono a pulsare

A partire dall'esaurimento dell'idrogeno nella zona centrale, in quel serbatoio principale che ha permesso a tutte le stelle di brillare tranquille per molto tempo, succede qualcosa di fantastico che ci toglierà per sempre dalla testa l'idea che questi mastodontici oggetti siano lenti in ogni loro movimento e cambiamento. In effetti, fino a questo momento anche le fasi più veloci hanno impiegato non meno di un milione o qualche centinaio di migliaia di anni. Bene, ora la nostra voglia di numeri e tempi più normali sarà soddisfatta perché le stelle sono così agili, nonostante l'immensa mole, che possono presentare forti variazioni anche nel corso di giorni e addirittura ore. Non stiamo parlando di piccole variazioni di luminosità, come si potrebbe pensare avvenga quando il carburante inizia a scarseggiare, un po' come una macchina singhiozza quando la benzina nel motore sta per finire. No, stiamo parlando di enormi cambiamenti che coinvolgono strutture grandi ben più di 10 milioni di chilometri e che possono contenere al loro interno migliaia di pianeti grandi come la Terra.

Terminato l'idrogeno nel centro, come abbiamo già visto, le stelle iniziano a mettere in pratica piccoli ma continui aggiustamenti per pescarlo nelle regioni più esterne e arrivare poi a consumare anche l'elio nel centro. La loro pigrizia impedisce di fare grandi cambiamenti in poco tempo. I piccoli cambiamenti del motore interno che cerca nuove fonti o zone in cui pescare carburante hanno un grande impatto su tutte le stelle, che si trasformano prima in giganti rosse e poi in mezze giganti quando iniziano a bruciare l'elio al centro. In ogni caso gli aggiustamenti del nucleo producono forti espansioni degli strati superiori, che non sono e non saranno mai interessati da alcun processo di fusione e se ne stanno quindi beati a godersi il tepore proveniente dalle zone sottostanti.

Per capire cosa succede alle stelle in questa fase dobbiamo aver ben chiara la loro struttura nelle fasi successive alla sequenza principale. A questo proposito possiamo visualizzare tutto meglio con un esperimento, che consiglio comunque di tenere nella nostra mente e non riprodurre sul serio.

Immaginiamo una piccola biglia di vetro che sta nel palmo della nostra mano. Questo può essere il nucleo del nostro modellino stellare. Il nucleo è abbastanza piccolo, concentrato, pesante e al suo interno si brucia elio prima al centro, poi più in superficie, e idrogeno in una zona quasi superficiale. Tutte le reazioni nucleari si svolgono e si svolgeranno sempre in questa ristretta zona della stella: questo è il motore.

Ora, attorno alla nostra biglia immaginiamo di disporre uno strato spesso un metro o più di soffici piume che circondano in modo molto tenue il duro nucleo centrale. Questa è grossomodo la struttura di una stella in questa fase avanzata della propria vita ed è quindi separata in due parti distinte: il nucleo con il motore e un esteso, tenue e molto leggero involucro che la circonda e che si gode l'energia emessa da sotto in tutta tranquillità.

Per completare il modellino e capire che razza di scherzo giocano questi strati più tenui sopra il nucleo che li mantiene caldi, immaginiamo che uno strato interno di piume decida di sacrificarsi diventando una barriera che avvolge il nucleo, una bella fascia sulla quale si trovano solo dei piccoli buchi di sfiato dai quali esce solo una parte dell'energia prodotta. Questa barriera non è perfetta e, non si sa perché, ogni tanto si trovano delle porte che all'inizio sembrano ben chiuse.

Ora immaginiamo cosa può succedere con questa configurazione. L'energia emessa dal nucleo, nient'altro che luce, ha un effetto simile a quello di un vento. Questo vento passa attraverso i pochi buchi della barriera, che però lo bloccano in gran parte. A passare è solo una piccola quantità, una tenue brezza che mantiene sollevato il grande strato di piume come se fluttuassero a mezza altezza poco sopra il nucleo.

Il vento di energia proveniente dal nucleo nel tempo si accumula e continua a spingere sempre di più sulla barriera, cercando un modo per superarla. E il modo lo trova, perché nessuna porta può resistere a qualsiasi vento; e come se non bastasse quelle presenti sulla barriera sono anche abbastanza leggere. Spingi, spingi, a un certo punto il vento di energia che si è accumulato dietro le porte è sufficiente per spalancarle e fluire vigoroso e libero verso lo strato di piume più superficiali. E cosa succede quando a uno strato di piume gli si spara un vento forte e improvviso? Che queste si gonfiano ancora di più e si sparpagliano ovunque. Alla stella succede una cosa simile. Quando le porte della barriera vengono spalancate da una folata di vento di energia proveniente dal nucleo, gli strati esterni, le piume, si gonfiano e si espandono anche di decine di migliaia di chilometri. La stella, quindi, come se non fosse già abbastanza gonfia, si espande di una grande quantità anche in poche decine di minuti e la sua superficie si raffredda anche di 1000 gradi.

Terminata la folata di vento le porte sulla barriera riescono a richiudersi e gli strati esterni iniziano a tornare al loro posto, proprio come le piume si depositano quando smettiamo di soffiargli forte. Ora l'energia rifluisce di nuovo a piccole dosi solo dai buchi di sfogo posti sulla barriera, come prima. La stella allora inizia a restringersi di migliaia di chilometri in altrettanto poco tempo, fino a tornare alla fase precedente la folata. La superficie si riscalda di nuovo e tutto sembra tranquillo. Per quanto tempo, però, può durare questa tranquillità? Fino al momento in cui l'energia che spinge sulle porte non ridiventa così grande da spalancarle di nuovo e sollevare gli strati più esterni un'altra volta. Dopodiché queste si richiuderanno ancora e la stella si restringerà di nuovo fino alla folata successiva.

Questo meccanismo di pulsazione può andare avanti anche per milioni di anni, fino a quasi la fine della vita delle stelle.

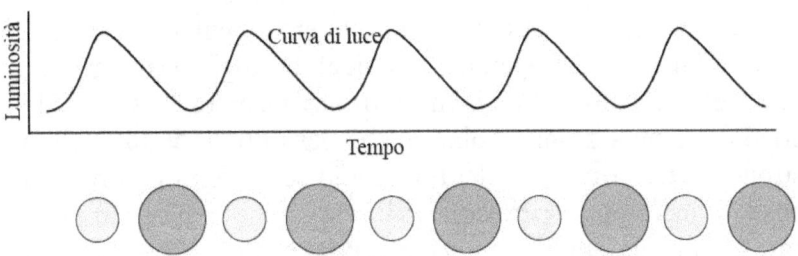

Pulsazioni tipiche di una variabile Cefeide

Durante le grandi trasformazioni successive alla fine dell'idrogeno nel centro, alcune stelle possono iniziare a pulsare. Il pratica gli strati sopra il nucleo, forse un po' annoiati da tanti anni passati senza far nulla, decidono di espandersi e poi contrarsi nel giro di poche ore o giorni!

Il nucleo, impegnato nel cercare nuovo carburante per sperare di sopravvivere più a lungo possibile, non si accorge per nulla del gioco che stanno facendo gli spensierati strati superiori che con un po' di incoscienza sembra che vogliano combattere un po' di noia dopo milioni o miliardi di anni di calma assoluta. E questi non sanno che ben presto non solo il divertimento finirà, ma rimpiangeranno anche quel periodo ormai lontano in cui l'abbondanza di carburante nel nucleo faceva sembrare tutto tranquillo, troppo tranquillo, quasi noioso.

Queste stelle pulsanti sono abbastanza comuni nel cielo e si possono osservare grazie al fatto che i restringimenti e gli allargamenti dovuti alle folate improvvise di energia producono cambiamenti nella loro luminosità e nella temperatura superficiale. Quasi tutti gli astri nel corso della loro vita attraversano questa incredibile fase di pulsazione, che a volte può essere molto regolare, altre più irrequieta.

Alcune stelle possono cambiare luminosità in poche decine di minuti, altre in alcuni giorni, altre ancora in mesi o in anni.

Tutto dipende da quanto sono forti i cardini delle porte che cercano di trattenere parte dell'energia prodotta dal nucleo, da quanta ne viene prodotta e da quanto è grande lo strato che si gonfia e si sgonfia. Alcune di queste stelle, chiamate Cefeidi, sono importantissime perché sono degli orologi quasi perfetti.

Le Cefeidi sono stelle giganti più massicce del Sole e producono delle pulsazioni regolari anche per milioni di anni. Gli astronomi dei primi anni del novecento scoprirono inoltre qualcosa di ancora più spettacolare: il tempo che impiegano a pulsare è collegato all'energia generata dal nucleo. Questo significa che misurando il tempo tra una pulsazione e l'altra possiamo determinare la potenza reale di queste stelle, un po' come se conoscessimo la potenza di una lontana lampadina. Misurando la luminosità che riceviamo, indebolita da una distanza che non conosciamo, possiamo capire quanto sono distanti queste stelle.

Cerchiamo di capirci meglio. Prendiamo una lampadina da 100 watt; questa è la sua potenza, un po' come la potenza emessa dalle stelle (che sarà però molto superiore!). Se la osserviamo a diverse distanze, ci apparirà di differenti luminosità apparenti. Se sappiamo già quanto è potente la lampadina, allora possiamo risalire alla distanza alla quale la osserviamo, misurando di quanto si è indebolita la luce che riceviamo. Per le Cefeidi succede la stessa cosa: il periodo che impiegano a pulsare ci dice quant'è la potenza che emettono, così misurando la luminosità apparente con i nostri telescopi riusciamo a capire quanto sono distanti senza troppi sforzi.

Le stelle Cefeidi sono i cartelli stradali dell'Universo; queste ci dicono quanta distanza abbiamo percorso dalla Terra con il nostro telescopio. Senza di questi capire quanta strada abbiamo fatto, o quanta ne manca, non è per niente semplice. E poiché nell'Universo non possiamo di certo prendere una macchina per misurare con il suo contachilometri le distanze delle stelle, riuscire a osservare con i telescopi dei segnali in cui c'è scritta, a modo loro, la distanza è un grandissimo vantaggio!

Altre stelle ancora, come la Omicron della costellazione della Balena, cambiano così tanto la loro luminosità da poter essere facili da vedere a occhio nudo o del tutto invisibili nell'arco di pochi mesi. Alcune possono cambiare in modo brusco la loro luminosità anche in pochi minuti. E sembra impossibile, ora che ci stavamo abituando ai tempi lunghissimi delle stelle e dell'Universo, vedere che in realtà le cose sono più complesse e sorprendenti di quanto immaginassimo.

Le pulsazioni delle stelle sono qualcosa di straordinario. Sorprende immaginare come facciano dei tali colossi a cambiare raggio, colore e luminosità in così poco tempo. È un po' come svegliarsi una mattina e dallo specchio del bagno vederci crescere di 20 centimetri in pochi secondi per poi tornare di nuovo normali dopo altrettanto tempo!

Anche questa è una gran bella lezione di vita che ci regala l'Universo: per quante cose sappiamo, non finiremo mai di imparare e di stupirci della sua bellezza.

Il destino delle stelle di massa simile al Sole

Dopo aver visto cosa succede agli strati dell'inviluppo, torniamo verso il centro perché la vita delle stelle dipende proprio da cosa succede al nucleo, schiacciato dal suo stesso peso e da quello degli strati superiori e a corto di carburante di nuovo.

Poiché il prodotto del bruciamento dell'elio è il carbonio e, in parte, l'ossigeno, si potrebbe pensare che siano questi i successivi carburanti. Ma in questi casi molte stelle sono restie a farlo. Va bene infatti mangiare lo "scarto" del bruciamento dell'idrogeno, vale a dire l'elio, per poter campare qualche altro anno, ma ora dovrebbero mangiarsi lo scarto dello scarto per continuare a vivere. E, come se non bastasse, per farlo dovrebbero aumentare la temperatura del nucleo fino a oltre mezzo miliardo di gradi!

Il dilemma, per noi, potrebbe essere simile a questa situazione: chi è disposto a mangiare la pasta avanzata dal giorno prima per sopravvivere? Forse in pochi, ma quando la fame salirà lo faranno quasi tutti. E questo è ciò che avviene, più o meno, quando la stella decide di passare dall'idrogeno (cibo fresco) all'elio (la pasta avanzata). Ora, però, le cose sono ancora peggiori: chi è disposto a rovistare nella spazzatura per mangiare qualche avanzo che ormai non era più buono neanche per il frigorifero? Qui le mani alzate saranno di meno, e in effetti succede una cosa simile anche per le stelle.

Sebbene non abbiano in realtà un cervello per decidere, un olfatto per sentire gli odori (ammesso che carbonio e ossigeno puzzino per loro!) e una lingua per sentire i sapori, il risultato è comunque simile: solo le stelle più massicce, quindi più ingorde e affamate, riescono a bruciare il carbonio e l'ossigeno per garantirsi un altro po' di sopravvivenza.

Le stelle con una massa compresa tra le 0,5 e le 8 volte quella del Sole si ritengono già soddisfatte e decidono che lo sforzo necessario è troppo grosso per la loro struttura. Arrivare a mezzo miliardo di gradi per bruciare il carbonio e l'ossigeno è un'impresa così grande che non riescono a compierla, neanche se questi elementi fossero delle prelibatezze migliori dell'idrogeno. Non è infatti solo una questione di palato fine: questi astri arrivano ormai stremati e non hanno più le energie necessarie per combattere la forza di gravità.

Dopo essersi quindi gonfiate di nuovo fino a raggiungere dimensioni ancora più grandi per bruciare l'elio sempre più lontano dal centro, questi astri entrano nella fase finale della loro vita. Il motore inizierà a singhiozzare, alternando fasi in cui è quasi spento a veloci e violenti scoppiettii, che aumenteranno di molto la perdita di materia della stella, fino a espellere tutto ciò che si trova al di sopra della zona nucleare.

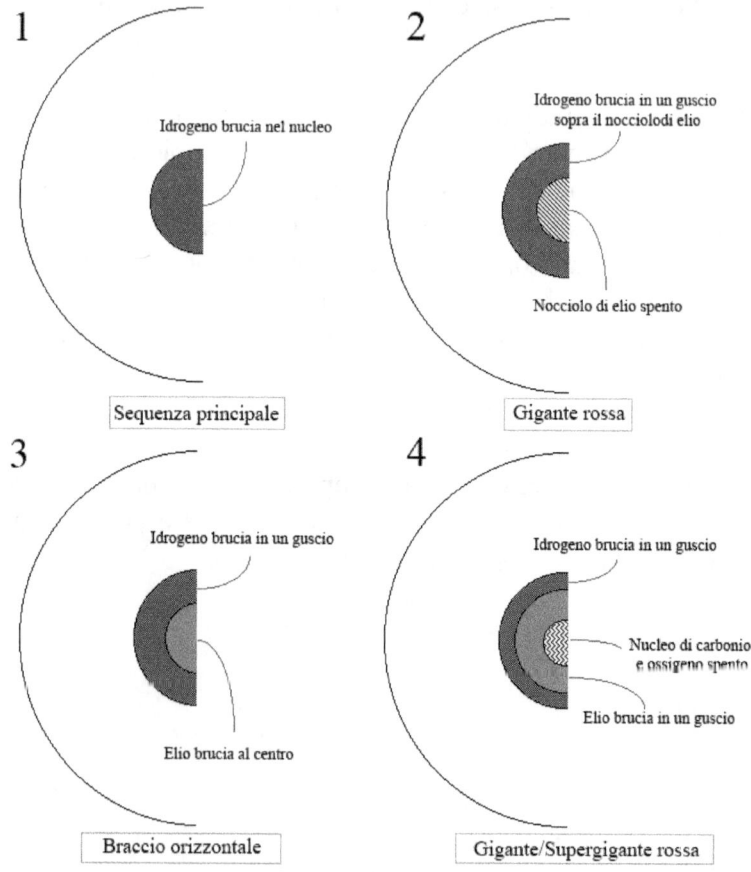

1

Idrogeno brucia nel nucleo

Sequenza principale

2

Idrogeno brucia in un guscio sopra il nocciolodi elio

Nocciolo di elio spento

Gigante rossa

3

Idrogeno brucia in un guscio

Elio brucia al centro

Braccio orizzontale

4

Idrogeno brucia in un guscio

Nucleo di carbonio e ossigeno spento

Elio brucia in un guscio

Gigante/Supergigante rossa

Riassunto delle quattro fasi principali della vita di una stella con una massa minore di 8 volte quella del Sole e maggiore di 0,5 volte. Si inizia con il bruciamento dell'idrogeno (1) al centro in una fase detta sequenza principale, che rappresenta oltre il 90% della vita di queste stelle. La stella poi si trasforma in gigante rossa (2) quando cerca idrogeno in un guscio sopra il nocciolo spento di elio. Quanto accende il nucleo di elio (3) si ridimensiona un po', perché ora ha due motori a pieno regime: quello a elio al centro e quello a idrogeno in un guscio sopra. Quando l'elio al centro finisce, la stella si gonfia di nuovo (4) e ben più di prima, diventando di nuovo una gigante rossa o una supergigante rossa. Questa è l'ultima tappa della propria vita.

Una bellissima nebulosa planetaria

La fine della stella è imminente. La materia espulsa a causa dei singhiozzii dei due motori interni (a idrogeno e a elio) dissolverà l'astro come se fosse neve al Sole.

Ma come avviene questa espulsione? In un modo simile a quanto abbiamo visto prima nella fase in cui le stelle pulsavano. Simile, ma non uguale.

Forse un po' indispettito da questo comportamento irriverente e stanco di lavorare mentre le altre parti si divertono a spese sue, il nucleo, dopo che l'elio al centro è terminato, si prende la sua rivincita. Per prima cosa fa saltare come il tappo di una bottiglia qualsiasi barriera che l'inviluppo aveva creato per poter fare il gioco delle pulsazioni che abbiamo visto prima. Poi, decide di alimentare l'intera stella a singhiozzi, alternando il bruciamento dell'elio nel guscio proprio sopra il nocciolo di carbonio e ossigeno, con l'idrogeno presente in un guscio un po' più in su. Quando infatti la stella inizia a bruciare il guscio di elio sprigiona molta energia che spegne il motore a idrogeno superiore. L'elio nel guscio brucia tutto in breve tempo (è qui che la stella si gonfia di nuovo) e a un certo punto termina. La zona nucleare superiore si ricontrae e il motore a idrogeno riparte producendo lui l'energia per tutta la stella. È proprio questa alternanza, che prima non c'era, a far saltare il tappo. Quando brucia l'idrogeno nella parte superiore del nucleo non ci sono problemi, la stella è tranquilla. Ma il bruciamento dell'idrogeno produce nuovo elio, che sprofonda più in basso e alimenta il secondo motore, che è al momento spento. Dopo che se ne è accumulato un po', e neanche tanto, il motore a elio sottostante si riaccende all'improvviso e inietta nella stella un'enorme quantità di energia, decine di milioni di volte più grande di quella che produce il Sole. Il grande vento energetico scuote la stella e fa espandere tutti gli strati superiori, spegnendo di nuovo la zona che brucia idrogeno. Gli strati più vicini alla superficie, già belli gonfi (perché la stella è di nuovo una gigante in questa fase, ce lo ricordiamo?), vengono spinti con violenza ancora più lontano, al punto da abbandonare per sempre la stella. Il motore a elio consuma tutto il carburante in poco tempo, quindi si spegne di nuovo. Tutta la zona del nucleo si ricompatta e la stella torna alla situazione di prima, tanto che si riaccende persino il motore a idrogeno che era stato spento dalla ventata di energia dell'elio. Questo però produce di nuovo l'elio che se ne va nelle profondità; così, quando se ne accumula a sufficienza il secondo motore si riaccende in modo violento con una nuova impetuosa fiammata di energia. Questa fa espandere di nuovo tutta la stella e le fa perdere altri pezzi. Il gioco va avanti per una decina di volte, il tempo necessario affinché l'ultimo bruciamento esplosivo dell'elio non butta fuori l'ultimo strato dell'inviluppo della stella. A questo punto ciò che resta della stella è solo il nucleo nudo, formato quasi del tutto da carbonio e ossigeno, che nel frattempo ha subito una trasformazione radicale e irreversibile di cui parleremo meglio nel prossimo capitolo.

Il gioco è finito: il padrone, il nucleo ormai spento, ha cacciato di casa tutti quegli strati superiori che durante l'intera esistenza della stella si sono goduti una vita agiata, pesando sulle spalle del povero nucleo, che senza di questi avrebbe potuto vivere benissimo senza fare alcun lavoro. E in effetti è quello che farà ora: l'oggetto che resta non ha più bisogno di produrre energia per continuare a esistere.

Come ultimo regalo, però, per ricordare la gloriosa stella che fu, la luce molto energetica del nucleo spoglio e ancora caldissimo illumina tutto il gas espulso che si trova ora sparso per migliaia di miliardi di chilometri nello spazio. L'effetto è straordinario: il gas viene scaldato fino a 10 mila gradi ed emette luce di una tipica colorazione azzurro-verde, rendendosi visibile come una stupenda nebulosa planetaria anche a migliaia di anni luce di distanza. Finché il nucleo stellare sarà abbastanza caldo da scaldarlo a sufficienza, questa nebulosa sarà la testimone ultima e spettacolare di quello che resta di una stella un tempo brillante.

Questa è la fine che farà anche il nostro Sole tra poco più di 5 miliardi di anni, un tempo così lontano che per noi, di certo, non rappresenta un pericolo né una preoccupazione!

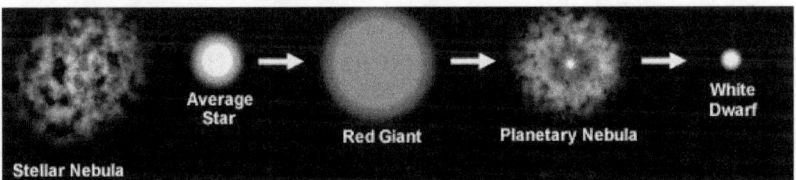

Il ciclo della vita delle stelle con massa compresa tra 0,5 e 8 volte quella del Sole. Queste nascono dalle nebulose e tornano in gran parte nebulose, solo che in questo cammino nuovi elementi si sono formati, alcuni dei quali importantissimi per la vita.

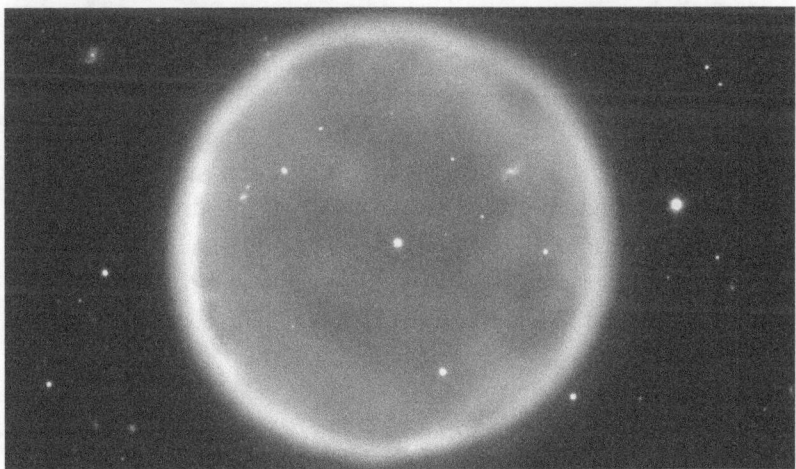

Questa potrebbe essere una foto del nostro Sole tra circa 5 miliardi di anni. La stella espelle in circa 10 mila anni tutti i suoi strati nello spazio e ciò che resta è solo il nucleo super compresso e spento di carbonio e ossigeno. Una fine simile tocca anche alle stelle di massa più piccola di 0,5 volte quella del Sole, solo che il nucleo "nudo" è composto di elio.

Uno strano oggetto chiamato nana bianca

In contemporanea ai capricci dei due motori interni che espellono gli strati superiori e creano una bellissima nebulosa planetaria, la zona del nucleo subisce una grande trasformazione. Ciò che resta della grandissima stella di poco tempo prima è ora solo il nucleo nudo e spento. Sappiamo allora che senza produrre energia la forza di gravità tenderebbe a schiacciarlo all'infinito ma a un certo punto è la pressione stessa della materia che arresta lo schiacciamento dovuto alla forza di gravità. La palla di neve non è infatti così grande per comprimersi all'infinito, per fortuna! Tuttavia, le sue condizioni sono molto diverse rispetto a qualsiasi materiale che troviamo sulla Terra: la forza di gravità ha infatti compresso il nucleo a una densità incredibile. Vogliamo capire quanto è compresso?

Bene, un cucchiaino di questa materia portato sulla Terra peserebbe un milione di volte più di uno stesso cucchiaio riempito d'acqua! Questo nocciolo di carbonio e ossigeno, o di elio per le stelle con massa inferiore a 0,5 volte quella del Sole, è caldissimo all'inizio, decine di milioni di gradi, e si chiama nana bianca.

Quando gli strati espulsi della stella sono abbastanza lontani e tenui da farci vedere il nucleo compresso, questo si è già raffreddato fino a circa 30000 gradi.

Una nana bianca, quindi, non è nient'altro che il nucleo super compresso di una stella che aveva all'inizio una massa inferiore a 8 volte quella del Sole e che un tempo produceva tutta l'energia della stella.

Le nane bianche rappresentano l'inizio di una nuova avventura molto simile a quella dei pianeti, con la differenza che queste sono molto più calde. Nel corso dei miliardi di anni si raffredderanno e si spegneranno confondendosi con il buio dell'Universo, diventando invisibili e in pratica di aspetto simile a quello di un normale pianeta.

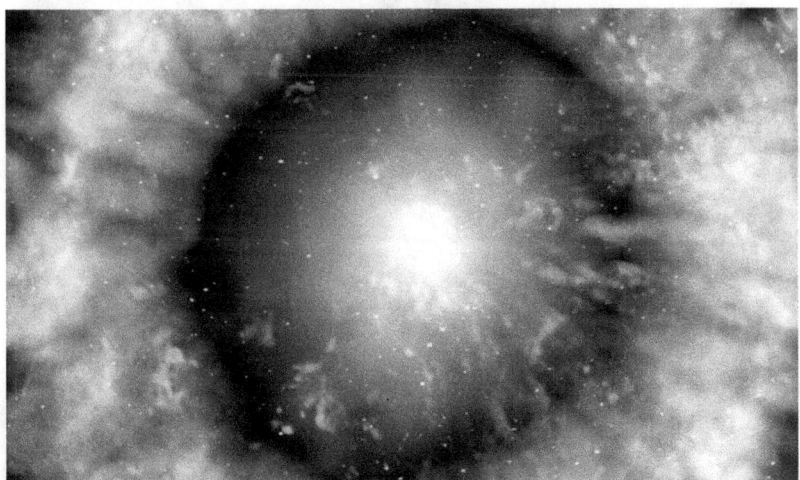

Tutte le stelle con massa inferiore alle 8 volte quella del Sole diventano delle nane bianche, dei tizzoni ardenti che brillano solo perché sono ancora molto calde, proprio come la brace di un camino.

Queste, infatti, sono così compresse che hanno dimensioni simili alla Terra, migliaia di volte inferiori a quelle della stella durante le gloriose fasi finali di gigante o supergigante rossa. Non facciamoci però ingannare da questo valore così piccolo.

Le nane bianche hanno una massa di poco inferiore a quella del Sole, concentrata però quasi tutta in uno spazio delle dimensioni della Terra. Sulla loro superficie, quindi, la forza di gravità è 300 mila volte superiore a quella che sperimentiamo sul nostro pianeta. In altre parole, se qui pesiamo 60 kg su una nana bianca peseremmo 18 milioni di chili! Il nostro corpo peserebbe così tanto che si auto schiaccerebbe.

Le nane bianche sono oggetti stranissimi; grandi quanto la Terra, possono contenere tanta materia quanta ne è presente nel Sole. Un cucchiaino di questo materiale così compresso sulla Terra peserebbe alcune tonnellate.

Le nane bianche più giovani sono ancora avvolte dai gas espulsi dalla stella nelle ultime fasi di vita. La loro luce intensa, ricca di raggi ultravioletti, riscalda il gas e regala l'ultimo, bellissimo tributo alla stella che fu. Poche centinaia di migliaia di anni e il gas intorno non sarà più visibile, perché la nana bianca si sarà già indebolita a sufficienza per non riuscire più a scaldarlo.

Le nane bianche sono le braci ardenti dell'Universo. Queste, infatti, emettono luce grazie al calore che hanno accumulato durante le ultime fasi di vita della stella. Se la brace di un fuoco si raffredda in poche ore, quando parliamo dell'Universo e delle nane bianche i tempi di raffreddamento sono ben più lunghi: oltre 10 miliardi di anni! In effetti una nana bianca è un bel pezzo di brace e pure molto caldo, quindi impiega tantissimo tempo per raffreddarsi.

Quando questa specie di stella si raffredderà abbastanza, il materiale che contiene, in gran parte carbonio, si solidificherà proprio come la lava di un vulcano. La grande pressione a cui è sottoposta la materia produce un effetto sorprendente. Cosa accade infatti quando un pezzo di carbonio caldissimo, quindi liquido, a un certo punto diventa abbastanza freddo da solidificare sotto una grandissima forza di compressione? Accade che si forma un diamante. Sì, quella trasparente pietra così preziosa per noi esseri umani. Un diamante non è nient'altro che carbonio, un pezzo di carbone che la Natura ha deciso debba diventare durissimo, luccicante e trasparente se viene schiacciato sotto una forza fortissima. Una nana bianca che si raffredda, a causa dell'enorme pressione della materia, si trasforma in un gigantesco diamante grande quanto la Terra.

Farebbe gola a molte persone, ne sono certo, ma ci sono un paio di problemi che al momento ci fanno desistere:

    1)   Nessuna nana bianca ancora si è raffreddata a sufficienza per poterci atterrare senza bruciarsi. E un diamante a 800°C non è proprio facile da raccogliere;

    2)   Le nane bianche hanno una forza di gravità sulla loro superficie enorme. E, se ben ricordiamo, un pezzo di quel diamante è così speciale che una pietra di un centimetro di diametro peserebbe diverse centinaia di chili. E allora, anche se riuscissimo a portarlo sulla Terra, come faremmo a indossarlo?

Ogni nana bianca è destinata a raffreddarsi, anche se molto lentamente. Ci vorranno circa 10 miliardi di anni per arrivare a una temperatura così bassa che la materia al suo interno diventerà solida. E poiché sono composte per gran parte di carbonio, quando questo solidifica sotto un'enorme pressione diventa diamante. Le nane bianche raffreddate, che prendono il nome di nane nere, sono degli inestimabili gioielli, dei diamanti cosmici che per noi avrebbero un valore inestimabile! Per l'Universo, invece, sono normali corpi celesti. Certo, che esseri strani siamo a fare delle guerre per dei pezzi di carbone trasparente!

A parte questi piccoli dettagli, poiché le stelle di massa inferiore alle 8 volte quella del Sole potrebbero essere oltre il 90% di tutte quelle esistenti, l'Universo è senza dubbio destinato a riempirsi di diamanti cosmici nei prossimi miliardi di anni. Fantastico, vero?

Ebbene sì, l'Universo ci propone delle situazioni che nessuno, neanche la più fervida immaginazione, avrebbe mai concepito. E, parliamoci chiaro, se un film ci avesse raccontato la storia di una stella che dopo aver espulso i suoi strati esterni si sarebbe contratta e poi raffreddata per formare un pezzo di diamante cosmico di 15 mila chilometri di diametro, molti di noi si sarebbero messi a ridere pensando a una trama surreale e ridicola. Invece l'Universo è pronto a stupirci e ci regalerà sempre emozioni e situazioni più sorprendenti di qualsiasi film.

Aspettiamo infatti di vedere cosa succede con le stelle più massicce. Sarà uno scenario...esplosivo!

Il destino esplosivo delle stelle di grande massa

Le stelle con una massa superiore alle 8 volte quella del Sole sono così ingorde che utilizzano come carburante qualsiasi elemento "di scarto" prodotto dalla fase precedente. C'è però un piccolo problema, anzi, ora che ci penso sono due.

Gonfiandosi sempre di più fino a diventare supergiganti rosse, appena terminato l'elio nel nucleo iniziano subito a bruciare il carbonio, poi l'ossigeno, il neon, il magnesio e infine il silicio. Il primo problema è qualcosa che abbiamo già visto con l'elio: mano a mano che il carburante cambia, questo fornisce sempre meno energia, quindi le stelle ne devono bruciare sempre di più e questo terminerà via via sempre prima. In questi casi i concetti di presto e di veloce sono molto simili a quelli di tutti i giorni. Queste stelle, infatti, hanno così bisogno di energia per poter sopravvivere che bruciano tutti gli elementi più pesanti dell'elio in brevissimo tempo, fino ad arrivare a consumare tutto il silicio e trasformarlo in ferro in meno di una settimana. Sì, in meno di una settimana queste stelle riescono a bruciare miliardi di miliardi di miliardi di tonnellate di carburante!

Il secondo problema segna la fine di questi mastodontici e ingordi astri, perché bruciare tutto il silicio in una settimana produce, oltre all'energia per sostenersi, un nuovo elemento, il ferro. Questo, al contrario di tutti gli elementi più leggeri che si sono generati attraverso la fusione, a partire dall'idrogeno iniziale, ha una proprietà mai vista e alla quale nessuna stella arriva preparata: fondere il ferro usandolo come carburante non produce più energia, anzi, richiede più energia di quanta ne produca. Il gioco, quindi, è finito: la stella non può produrre più energia in nessun modo!

Struttura di una stella di grande massa
al termine della propria vita

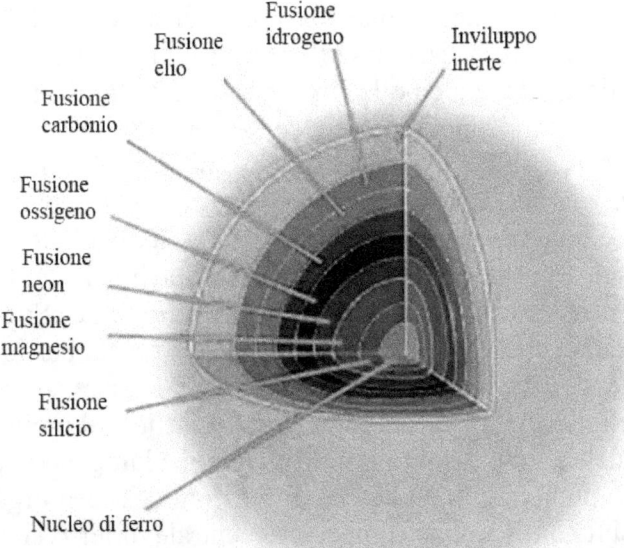

Le stelle sopra le 8 volte la massa del Sole non si fanno scrupoli a usare tutti i materiali possibili per produrre energia attraverso le reazioni di fusione nucleare. Nel corso della vita, ogni volta che la stella cambia carburante al centro si aggiunge un guscio superiore nel quale continua a bruciare quello della fase precedente. Questo gioco fa espandere la stella in modo enorme, trasformandola in supergigante rossa e crea una struttura a strati di cipolla che cerca di resistere alla forza di gravità.

Il gioco finisce quando si forma un nocciolo centrale di ferro, a seguito del bruciamento del silicio. Il ferro è infatti un pessimo carburante e non produce più energia. Sarebbe come cercare di far funzionare un'auto a benzina mettendoci acqua nel serbatoio: impossibile. Mancando la produzione di energia centrale la stella collassa su se stessa come un palazzo che implode. Gli strati che precipitano verso il nucleo rimbalzano su di esso e vengono poi scaraventati a grandissime velocità nello spazio. Si genera l'esplosione più violenta dell'Universo, con un'energia paragonabile a quella prodotta da decine di miliardi di stelle come il Sole, che distrugge tutto quello che c'è oltre il nucleo di ferro collassato: una supernova.

Al centro di queste stelle si sviluppa sempre un nucleo di ferro che non può più essere usato come carburante. Per un po' di tempo le stelle mettono in atto la stessa tattica di prima: spostano i loro motori nelle zone sovrastanti il nocciolo di ferro, dove ci sono ancora delle riserve. La struttura del nucleo in queste delicate fasi è a cipolla. La stella le tenta tutte pur di sopravvivere, accendendo insieme diversi motori.

Proprio sopra il nucleo di ferro c'è ancora del silicio che quindi brucia in questo guscio generando sempre nuovo ferro (e questo è un gran problema!). Sopra il guscio di silicio si trova un guscio di ossigeno, parte del quale viene bruciato e forma il silicio che va ad alimentare il guscio sottostante. Sopra si trova la zona del carbonio e un guscio che lo brucia per formare l'ossigeno, che va a depositarsi al di sotto. Ancora sopra troviamo l'elio che si trasforma in carbonio e, infine, al limite della zona nucleare c'è il solito guscio che brucia idrogeno in elio.

A questo punto, con una catena di reazioni così ben organizzata il risultato è scontato: il nocciolo centrale di ferro cresce a dismisura perché al di sopra di esso ci sono almeno 4 motori attivi a pieno regime che consumano ancora carburante e ne producono in grande quantità.

Si potrebbe pensare che prima o poi succederà qualcosa di simile alle stelle meno massicce viste prima: il nucleo si spegne, la pressione del gas è sufficiente per fermare la forza di gravità e gli strati esterni vengono espulsi nello spazio come un tenue vento. Non è così.

Le stelle di grande massa hanno troppa materia per permettersi una fine tranquilla, o, se lo vogliamo vedere secondo la nostra visione quotidiana, sono troppo eccessive e presuntuose per accontentarsi di una fine anonima e silenziosa come le più anziane e sagge colleghe. In effetti questi astri sono ancora giovani rispetto all'età dell'Universo. Le altre stelle si sono potute godere una vita lunghissima, anche superiore a 10 miliardi di anni. Queste invece, esistono da pochi milioni di anni e non ci stanno proprio ad andarsene con calma perché per loro la vita, appena iniziata, deve essere vissuta al massimo anche nel momento della fine.

E allora, come se volessero mostrare a tutto l'Universo la loro incredibile potenza, con la speranza di non essere mai più dimenticate, quando il nucleo di ferro supera la fatidica massa di 1,44 volte quella del Sole, la sua forza di gravità diventa così forte che la struttura cede di colpo sotto il suo stesso peso e inizia a precipitare su sé stesso liberando in pochi secondi (questo sì che è un tempo breve anche per noi!) un'enorme energia, pari a miliardi di volte quella del Sole.

Questa è l'esplosione più potente che l'Universo possa mai sperimentare, qualcosa di inimmaginabile che spazza via tutto quanto al di fuori del nucleo di ferro che sta collassando. Gran parte della stella, quindi, si disintegra e viene proiettata nello spazio a velocità di decine di migliaia di chilometri al secondo. Questa enorme esplosione è chiamata supernova ed è in grado di disintegrare tutto ciò che si trova nel raggio di qualche decina di anni luce!

Il desiderio ultimo di queste stelle di farsi ricordare per sempre dall'Universo è esaudito. La luce prodotta dalla loro immensa esplosione è così intensa da risultare visibile ai nostri telescopi fino ai confini dell'Universo. E se esplodesse una stella nella nostra galassia, anche a migliaia di anni luce di distanza, sarebbe così brillante da risultare visibile persino di giorno, come se fosse un nostro secondo Sole.

Sono secoli che nella Via Lattea non vediamo esplodere una stella, ma sono diversi i resoconti degli antichi astronomi che raccontavano di aver visto accendersi all'improvviso una stella così luminosa nel cielo da risultare visibile anche di giorno, per diversi mesi.

Sì, diversi mesi, perché l'esplosione di una stella è così intensa che risulta visibile per mesi, a volte anni.

Le supernovae sono molto rare ma sono così brillanti che possono rendersi visibili anche a distanze di miliardi di anni luce. Quando l'esplosione risale dal nucleo di ferro fino agli strati esterni la temperatura raggiunta, pari a oltre 100 miliardi di gradi, riesce a formare in poco più di un decimo di secondo tutti gli elementi più pesanti del ferro tra cui l'oro, il rame, l'argento, il mercurio, il platino, l'uranio. Se abbiamo un anello d'oro, o un ciondolo d'argento, osserviamolo bene: tutti gli atomi che lo compongono si sono formati in un battito di palpebre durante l'esplosione devastante di una stella vissuta più di 5 miliardi di anni fa. Questi atomi poi si sono riaggregati formando il nostro pianeta. Non è fantastico tutto questo?

Light pollution @ Stargazing Live   January 14th 2012 2155UT   © Adrian Jannetta 2012

Le supernovae sono così rare che nella nostra Galassia ne esplode in media una ogni 100 anni. Una delle prossime supernove potrebbe essere Betelgeuse, una supergigante rossa ben visibile a occhio nudo nella costellazione di Orione. Quando esploderà diventerà per qualche mese così brillante che in cielo sembrerà di avere una seconda Luna piena o un pallido gemello del Sole. Per un piccolo istante di tempo dell'Universo cambierà in modo drastico l'aspetto del nostro cielo, prima di scomparire per sempre lasciando la costellazione di Orione orfana della sua stella più brillante. Quando esploderà Betelgeuse? Conosciamo bene l'evoluzione delle stelle, ma non a tal punto da prevedere l'istante esatto dell'esplosione di Betelgeuse. Diciamo che potrebbe accadere in ogni istante, da qui a 50 mila anni, quindi occhi al cielo e pronti per quello che sarà un grandioso spettacolo!

Tabella riassuntiva. Quanto vivono le stelle?

Massa, rispetto al Sole*	Temperatura superficiale/colore**	Durata della vita
0.1 (le stelle meno massicce possibili)	2500°C / rosso scuro	Fino a 1000 miliardi di anni(!)
0.5	3500°C / rosso-arancio	Più di 50 miliardi di anni
1 (il Sole)	5500°C / giallo pallido, quasi bianco	Poco più di 10 miliardi di anni
5	10000°C / bianco	300 milioni di anni
15	20000°C / azzurro	15-20 milioni di anni
30	35000°C / blu	5-6 milioni di anni
100 (stelle molto più massicce non possono esistere)	55000°C / blu scuro. Sono stelle molto rare	Al massimo 1 milione di anni

*Ricordiamo che la massa rappresenta la quantità di materia contenuta in una stella. Questa può essere più o meno compressa, quindi le dimensioni di una stella durante le sue fasi di vita possono cambiare, ma non la quantità di materia che contiene, a meno che non venga espulsa, cosa che succede quando sta per terminare la propria vita.

** A causa della limitata sensibilità dei nostri occhi, il colore che vediamo di notte è molto più tenue dei reali colori di queste stelle, soprattutto per astri molto blu e molto rossi.

Siamo figli delle stelle

Queste enormi stelle non vengono ricordate solo per la luce prodotta dalla loro esplosione. Il loro contributo all'Universo è molto più profondo e riguarda anche noi esseri umani.

Durante le fasi di vita di tutte le altre stelle che muoiono in modo tranquillo, gli elementi che gli strati esterni espulsi restituiscono all'Universo sono l'idrogeno e l'elio, gli stessi che avevano formato la stella. Quelli prodotti al centro e importantissimi per noi, come l'ossigeno e il carbonio, restano intrappolati nel nuclei compressi all'inverosimile che abbiamo chiamato nane bianche.

Durante l'esplosione come supernova, una stella massiccia espelle nello spazio grandi quantità di carbonio, ossigeno, magnesio, silicio e tutti gli elementi fino al ferro.

Durante gli istanti più intensi dell'esplosione si formano anche gli elementi più pesanti del ferro e molto rari: argento, oro, platino, piombo, uranio.

Attraverso le esplosioni come supernovae le stelle più grandi svolgono da miliardi di anni un'operazione importantissima: prendono in prestito idrogeno ed elio e restituiscono tutti gli elementi presenti in Natura che si sono prodotti al loro interno durante le fasi di fusione nucleare, o durante l'esplosione stessa.

Ora facciamo attenzione, perché scopriremo una delle cose più affascinanti dell'Universo e dell'astronomia. All'inizio dei tempi, quando nacque l'Universo, esistevano solo due elementi: idrogeno ed elio. Non c'era traccia del carbonio delle nostre cellule, dell'ossigeno che forma l'acqua del nostro corpo e dei nostri mari. Non c'era il silicio che forma le rocce, il calcio delle nostre ossa, il ferro dei nostri attrezzi e delle nostre auto. Non c'era nemmeno l'oro dei gioielli, il rame dei fili elettrici, il platino che ora usiamo persino nei telefoni cellulari. Non c'era niente dei materiali che usiamo, della terra che calpestiamo.

Niente con cui costruire i nostri corpi, niente per plasmare qualsiasi forma di vita, niente persino per formare la superficie dei pianeti e i pianeti stessi.

Se possiamo leggere questo libro e usare le monete per fare la spesa. Se ora viviamo in un Universo di pianeti, asteroidi e comete; se ora viviamo in un mondo fatto di terra, minerali, metalli preziosi e acqua; se ora viviamo... dobbiamo tutto questo alle gloriose stelle massicce che nei miliardi di anni precedenti la nascita del Sistema Solare hanno prodotto tutti questi elementi e li hanno poi restituiti con le loro possenti esplosioni all'Universo, in modo che una successiva generazione di stelle potesse nascere, formando questa volta anche pianeti con una superficie e forme di vita sempre più complesse.

Alziamo gli occhi da queste pagine e guardiamoci intorno. Qualsiasi cosa che vediamo nella nostra stanza, persino l'aria che respiriamo, è formata da particelle, da atomi, che si sono formati miliardi di anni fa in qualche posto dell'Universo nel nucleo delle stelle più grandi mai esistite. Ringraziamo loro che con il sacrificio estremo hanno reso possibile l'aggregazione degli elementi che hanno prodotto un pianeta azzurro bellissimo e forme di vita così complesse che ora sono in grado di rendersi conto della fortuna cosmica che hanno avuto, e ringraziare nel modo migliore quelle gentili stelle. E allora non è per niente esagerato dire che in ogni cellula del nostro corpo e in ogni granello di terra di questo pianeta vive il ricordo di migliaia di stelle che un tempo lontanissimo ci hanno regalato la possibilità di vivere e pensare.

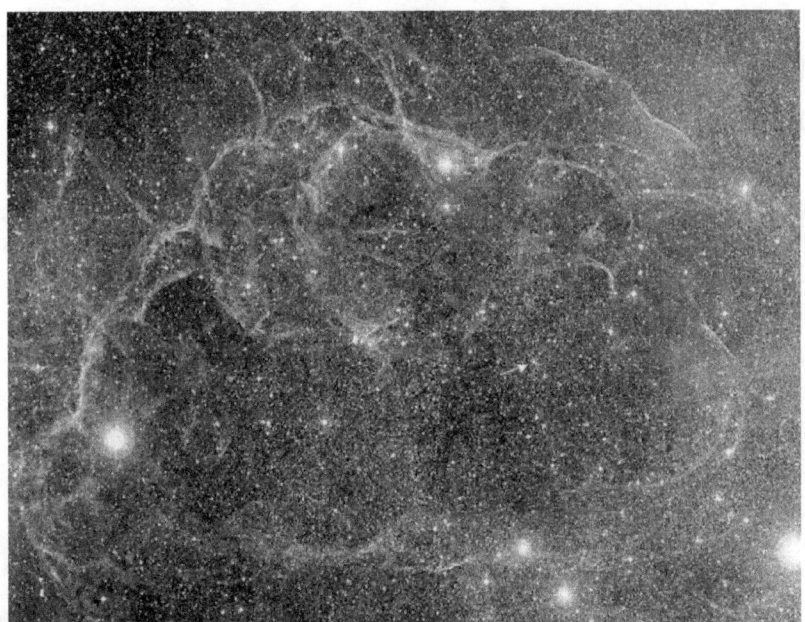

In quasi 13 miliardi di anni, l'età della nostra Galassia, le supernovae esplose sono state milioni, se non miliardi. Piano piano gli elementi espulsi sono riusciti a cambiare la composizione chimica primordiale aggiungendo un 2% di elementi più pesanti dell'elio. È una frazione piccolissima, ma è sufficiente a formare pianeti e la vita. Ogni atomo del nostro corpo, a eccezione dell'idrogeno che forma l'acqua, si è formato all'interno di qualche stella ed è stato espulso grazie all'esplosione di una supernova. Sembra impossibile che atomi di tutti i tipi, provenienti dai più lontani luoghi dell'Universo, si siano incontrati qui sulla Terra e abbiamo generato degli esseri in grado di pensare, sognare, immaginare, conoscere. Non so se ce ne rediamo conto della straordinaria fortuna che abbiamo avuto nel venire al mondo, di tutti i perfetti incastri che si sono dovuti verificare dal momento della nascita dell'Universo. Prima di giudicare le nostre giornate meno brillanti come sfortunate, pensiamo più in grande, ampliamo i nostri orizzonti e ritroviamo il sorriso riflettendo sul fatto che non esisterà sfortuna abbastanza grande da offuscare l'incredibile fortuna che abbiamo avuto nel venire al mondo. Probabilmente noi siamo il risultato di una delle serie di eventi più casuali, rocambolesche e improbabili che potrà mai verificarsi nell'Universo. Eppure ci siamo, e tutto questo è straordinario.

Ciò che resta delle stelle di grande massa

Concentrati come eravamo nel perderci nella favolosa scoperta che tutti gli elementi di cui siamo fatti sono stati prodotti dalle esplosioni di stelle remote, ci siamo dimenticati di chiederci se resta qualcosa di quegli astri sregolati che esplodono come supernove illuminando tutto l'Universo. In effetti, se siamo stati attenti, abbiamo visto che l'esplosione è stata generata dal nucleo di ferro che a un certo punto è diventato troppo grande e pesante per sopportare il suo stesso peso. La struttura ha ceduto all'improvviso come un grattacielo che crolla e l'onda d'urto, proprio come la polvere sollevata da un crollo, ha spazzato via tutto quello che c'era sopra e intorno.

Le stelle di neutroni

Come un grattacielo che implode su se stesso lascia delle macerie, anche il nucleo di ferro di una stella massiccia che cede (gli astronomi dicono implode) deve finire da qualche parte e trasformarsi in qualcosa.

Se questo non è molto più grande del Sole, si forma un oggetto davvero strano, più delle nane bianche. Grande circa 20 km (sì, 20 chilometri!), quindi come una grande città, il nucleo è diventato una stella di neutroni, o una pulsar, a seconda dell'angolo con cui la osserviamo da Terra.

In ogni caso siamo di fronte all'oggetto più denso che la nostra mente e l'Universo possano concepire: in uno spazio di una città è compressa una quantità di materia pari ad almeno una volta e mezzo quella del Sole. E per di più è caldissima, con una temperatura iniziale superiore a un miliardo di gradi!

Per capire quanto sia concentrata una stella di neutroni immaginiamo di prendere la Terra e comprimerla in una biglia di pochi centimetri di diametro, diciamo una pallina da pingpong. Sembra assurdo, ma questi sono gli effetti della forza di gravità quando è generata da oggetti così grandi e con così tanta materia come lo erano le stelle che hanno concepito questo corpo celeste tanto particolare.

Un cucchiaino di materia di una stella di neutroni peserebbe sulla Terra circa 100 milioni di tonnellate, cioè come 100 milioni di automobili poste l'una sull'altra! È impossibile avvicinarsi a una stella di neutroni e raccoglierne un pezzo, anche perché non riusciremmo più a ripartire con la nostra astronave, vista l'enorme forza di gravità nelle sue vicinanze. Se riuscissimo comunque a riportare un cucchiaino di materia qui sulla Terra, sarebbe così pesante e concentrata che sprofonderebbe fino al centro del nostro pianeta, perché nessuna superficie solida potrebbe sostenerla.

La densità delle stelle di neutroni è la massima consentita dall'Universo e il motivo è spiegato nel loro nome. I neutroni, infatti, sono delle particelle che costituiscono gli atomi, gli aggregati fondamentali della materia. Ogni atomo possiamo pensarlo formato da un nucleo molto piccolo contenente particelle chiamate protoni e a volte proprio i neutroni, attorno al quale orbitano delle particelle ancora più piccole chiamate elettroni. Ogni elemento che conosciamo è composto da atomi ma non sono di certo concentrati come una stella di neutroni. In effetti, scopriamo un'altra cosa sorprendente della Natura. Oltre il 99,99% dello spazio di un atomo è vuoto! Le particelle che compongono il nucleo e gli elettroni che gli ruotano intorno sono piccole e concentrate, così che ogni atomo, quindi la materia normale, è molto più leggera e meno concentrata di queste ed è di fatto per il 99,99% vuota!

Per fare un confronto con numeri più familiari, possiamo immaginare le particelle che compongono il nucleo atomico grandi come una pallina da tennis; bene, la distanza alla quale l'elettrone orbita attorno al nucleo sarebbe allora pari a circa 250 metri! In mezzo il nulla!

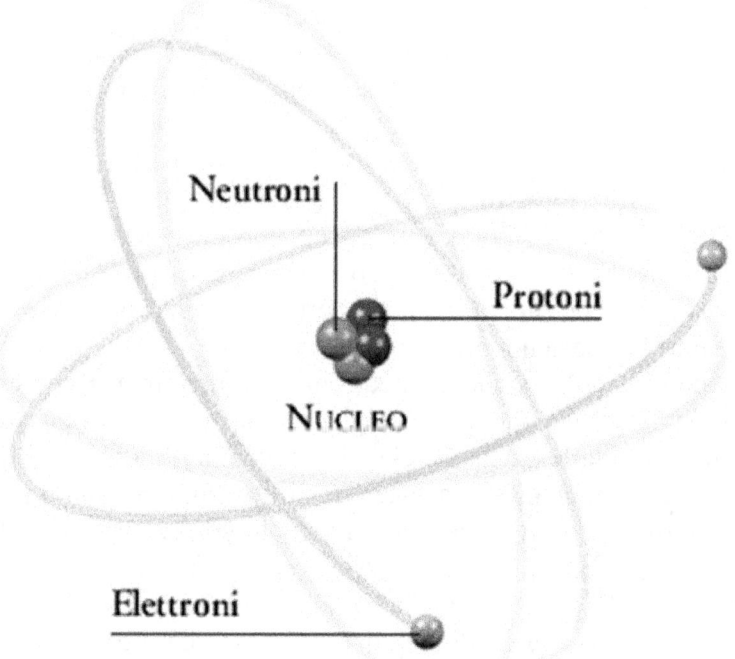

Schema classico e molto semplificato di un atomo, il costituente più piccolo di ogni gas e oggetto materiale. Al centro il nucleo atomico, quello che nel cuore delle stelle si scontra con altri nuclei per formare un nuovo elemento e molta energia. Gli elettroni ruotano attorno al nucleo e sono molto più mobili, tanto che bastano già poche migliaia di gradi di temperatura per farli andare sulla loro strada. In effetti gli elettroni nei nuclei stellari si limitano a fare da spettatori esterni ai nuclei atomici.

Elettrone

Nucleo

Rappresentazione schematica, ma più realistica, delle reali proporzioni di un atomo, in questo caso di idrogeno, il più semplice che esista perché formato da una particella positiva chiamata protone nel nucleo e da un solo elettrone che gli orbita intorno. Il nucleo, al centro, è piccolissimo e molto denso, circa 1000 volte più piccolo dello spazio vuoto che lo separa dall'elettrone che gli orbita intorno, anch'esso minuscolo (più piccolo del nucleo). Se il punto che rappresenta il nucleo in questa immagine è delle dimensioni di un pixel, l'elettrone si troverebbe a più di 1200 pixel di distanza. Di fatto il 99,99% della materia che conosciamo, incluso il nostro corpo, è vuota! Nelle stelle di neutroni la forza di gravità è così alta che le particelle vengono compresse fino a riempire del tutto questo enorme vuoto.

Nelle stelle di neutroni la forza di gravità comprime così tanto gli atomi che trasforma quasi tutte le particelle in neutroni e li avvicina fino a eliminare lo spazio vuoto che li avrebbe distanziati in una situazione più normale (come già in una nana bianca). A questo punto la concentrazione diventa uguale a quella di queste particelle. E allora, da estranee a qualsiasi nostra immaginazione, le stelle di neutroni sono una cosa abbastanza normale: un gigantesco nucleo atomico, almeno una parte di esso, la cui densità è proprio uguale a quella di queste particelle.

Come se non bastasse, i neutroni, così tanto comuni nella materia (tutti gli elementi hanno neutroni nel nucleo, a eccezione della gran parte dell'idrogeno) in realtà hanno un'altra, sorprendente proprietà: possono esistere in condizioni normali solo all'interno degli atomi. Se un neutrone si liberasse dal nucleo e decidesse di esplorare da solo lo spazio, come peraltro fanno spesso gli elettroni che già a poche migliaia di gradi di temperatura si separano dagli atomi, andrebbe incontro a un destino senza scampo. I neutroni liberi, infatti, possono sopravvivere per circa 15 minuti. La Natura ha deciso che se un neutrone non trova un nucleo atomico nel quale ripararsi entro 15 minuti si trasformerà in un elettrone, un protone e un'altra strana particella chiamata antineutrino. Questa regola vale per tutte le situazioni, eccetto una. Le stelle di neutroni, allora, sono l'unico luogo dell'Universo in cui possiamo trovare neutroni liberi dai vincoli dei nuclei atomici e in ottima salute, senza che questi corrano il rischio di trasformarsi in altre particelle.

Quindi, possiamo osservare la realtà da un altro punto di vista e chiederci: è più strano pensare che la materia che conosciamo, compresa la nostra pelle, sia fatta per quasi il 100% da spazio vuoto e da particelle, come i neutroni, che libere non hanno vita lunga, oppure che esistano luoghi popolati da neutroni in ottima salute, così compressi da aver eliminato il vuoto presente negli atomi che formano la materia normale? La risposta esatta non esiste, ma una cosa è certa: le nostre idee dipendono molto spesso da punti di vista che non riescono a vedere in modo completo la realtà. Ecco perché prima di dare dei giudizi è consigliabile conoscere bene la situazione che stiamo per giudicare, osservandola magari da diversi punti di vista, non solo quelli per noi più convenienti.

Le stelle di neutroni sono gli oggetti più strani e compressi che potremmo mai sperare di vedere. Per capire quanto, proviamo a comprimere una gigantesca portaerei alle dimensioni di una capocchia di spillo. Impossibile, diremo tutti; eppure l'Universo ci riesce. Una massa solare e mezzo concentrata in un oggetto grande quanto una città! Gli atomi di ogni tipo che si trasformano in neutroni, uno stato della materia che non vedremo mai da nessun'altra parte. Fantastico!

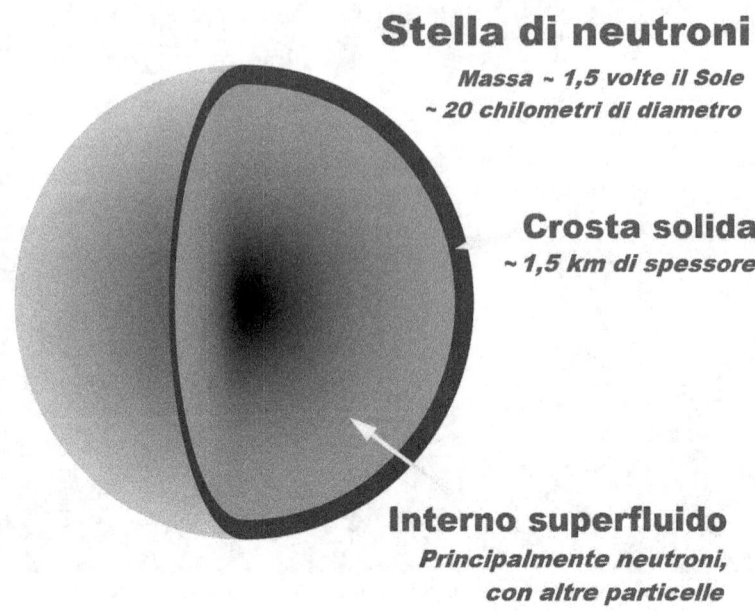

Stella di neutroni
Massa ~ 1,5 volte il Sole
~ 20 chilometri di diametro

Crosta solida
~ 1,5 km di spessore

Interno superfluido
Principalmente neutroni,
con altre particelle

Le stelle di neutroni sono così compresse che tutto il materiale si trasforma in neutroni, delle particelle che compongono i nuclei degli atomi e che hanno una densità spropositata. Di fatto una stella di neutroni è un gigantesco neutrone, un'enorme particella atomica che in condizioni normali è così piccola che a malapena riusciamo a vederla con i più potenti microscopi. L'Universo ama stupirci ancora una volta, e le sorprese non sono nemmeno finite.

I buchi neri

Le stelle di neutroni sono gli oggetti più densi che conosciamo, ma non i più particolari. Le stelle ancora più massicce, oltre le 25 volte la massa del Sole, formano infatti un nucleo di ferro molto più grande. In queste circostanze ancora più estreme la forza di gravità è così intensa che supera persino la resistenza fatta dai neutroni. La stella di neutroni quindi non si può formare e non c'è più nulla, davvero nulla, che possa contrap-

90

porsi alla straripante energia di compressione della forza di gravità. La materia allora implode all'infinito, forse in un punto, e si forma una zona (non un oggetto materiale!) oscura e inquietante chiamata buco nero. È un po' come disporre di una forza nelle nostre mani che ci consenta di comprimere qualsiasi oggetto fino a farlo diventare un punto così piccolo da risultare invisibile, più piccolo, forse, di un atomo, fino a quasi farlo sparire, ma non a far scomparire i suoi effetti. Qui le cose si complicano e spero di riuscire a essere abbastanza chiaro.

Un buco nero è composto da materia così compressa che la forza di gravità che produce nelle vicinanze è così intensa che nemmeno la luce riesce a sfuggirvi. E poiché la luce è ciò che viaggia più veloce nell'Universo, dall'interno di un buco nero non può e non potrà mai uscire nulla, nessuna informazione. Ecco perché un buco nero ci appare del tutto nero. Lì dentro potrebbe esserci qualsiasi cosa, persino un altro Universo, una nuova classe di stelle o alcuni personaggi dei nostri fumetti preferiti... Non importa, tanto noi non li vedremo mai.

Ogni buco nero non è un oggetto materiale, ma i suoi confini sono determinati da una regione, priva di materia, detta orizzonte degli eventi. Da qui in poi non si vede più nulla. L'orizzonte degli eventi è infatti la regione entro cui la forza di gravità della materia collassata in chissà quale forma diventa così intensa che la luce all'interno non può più uscirne e tutta quella che vi entra resterà intrappolata per sempre.

E allora nessuno sa cos'è un buco nero e nemmeno cosa ci sia dentro. La regione che vediamo nera non corrisponde alla posizione di nessun oggetto: non c'è nessuna barriera nera, nessuna porta, è solo apparenza. Con molta probabilità se ci avvicinassimo a questa regione oscura potremmo attraversarla perché non troveremmo alcun ostacolo, anzi, ne saremmo attratti a causa dell'enorme forza di gravità.

La materia, l'ex nucleo di ferro, che ha generato il buco nero, si trova in una regione molto più piccola e ben all'interno dell'orizzonte degli eventi. E nessuno riuscirà mai a vederlo, né saprà mai in che stato si trova. Qualche persona pensa addirittura che all'interno ci sia una specie di strappo dell'Universo. Il nucleo di ferro è collassato in un punto così denso e pesante da aver strappato lo spazio, come una persona un po' cicciotta che salta su un tappeto elastico e a un certo punto lo strappa sprofondandoci dentro. Altri pensano che questo strappo possa essere una specie di collegamento con un'altra parte, lontanissima, dell'Universo, ma questa è più fantascienza che scienza.

L'unica cosa che possiamo dire con un po' di sicurezza è che un buco nero è una cosa molto strana, persino per l'Universo che quasi sembra voler nascondere alla vista qualcosa che non sa spiegarsi, che quasi non dovrebbe esistere.

Tutto quello che sappiamo è che passato il confine immaginario del buco nero, l'orizzonte degli eventi, non può giungerci più alcuna informazione e qualsiasi cosa che varca questa regione è destinata a restare intrappolata al suo interno, per sempre. E se un giorno qualcuno dovesse attraversare la superficie immaginaria di un buco nero, questo orizzonte degli eventi, e riuscisse a sopravvivere e scoprire cosa c'è lì dentro, non potrebbe comunicarlo a nessuno. Non potrebbe tornare indietro e non potrebbe nemmeno chiamare casa perché le onde radio che servono per comunicare sono un altro tipo di luce, e come questa viaggiano alla sua stessa velocità, quindi anche loro rimarranno intrappolate dall'incredibile forza di gravità di questa zona.

I buchi neri, quindi, così misteriosi e particolari, rappresentano anche una delle poche certezze della scienza: non vedremo mai come sono fatti all'interno.

Nessuno in effetti può concepire l'interno di un buco nero, è un limite della nostra mente. Persino gli astronomi più bravi rinunciano a immaginarselo perché è impossibile immaginare qualcosa che non si è mai visto e non si potrà mai vedere, e che con tutta probabilità non somiglia a niente che possiamo osservare qui fuori.

Prima di chiudere questo capitolo, che so già avrà generato molto interesse e tantissime domande, rispondo a quella che penso sia la questione più delicata. Forse ci è capitato di vedere in tv trasmissioni o film che ci hanno raccontato che un buco nero mangia qualsiasi cosa e potrebbe persino mangiare la Terra e l'intero Sistema Solare. Non c'è niente di più sbagliato e lo possiamo capire con le nostre stesse forze.

Ragioniamo insieme. Un buco nero che si genera da una stella molto massiccia conterrà al suo interno (non si sa in quale stato) una quantità di materia che al massimo è uguale a quella della stella da cui si è generato. Anzi, visto che un buco nero si genera dal collasso del nucleo, la sua massa sarà molto inferiore a quella della stella stessa. Ora, la forza di gravità esercitata da un corpo sferico dipende solo da quanta materia questo contiene e da quanto vicino possiamo arrivare alla sua superficie.

E allora un buco nero che contiene una materia pari a 20 masse solari e una stella di 20 masse solari produrranno, alla stessa distanza, la stessa forza di gravità. La grande differenza è che una stella di 20 masse solari è molto estesa, milioni di chilometri, quindi la forza di gravità sarà massima quando arriverò sulla sua superficie e mano a mano che andrò verso il centro, visto che incontrerò sempre meno materia, questa diminuirà.

Un buco nero, invece, è un oggetto molto più concentrato. A milioni di chilometri di distanza produrrà la stessa forza di gravità di una stella con la stessa quantità di materia. In questo caso, però, a un buco nero posso avvicinarmi moltissimo, al contrario della stella, che mi blocca quando arrivo alla sua superficie, ancora a milioni di chilometri dal centro. È in queste condizioni, allora, che la forza di gravità diventa molto più intensa, quando mi trovo nelle vicinanze di quella superficie nera chiamata orizzonte degli eventi.

Un buco nero contenente 20 masse solari ha una dimensione di pochi chilometri, quindi se mi avvicino senza trovare ostacoli e arrivo in prossimità del suo confine, posso venir intrappolato dalla sua forza di gravità, che è enorme per piccole distanze. Non è vero che un buco nero mangia qualsiasi cosa che gli orbita intorno: mangerà solo quella materia che in modo molto incauto gli si avvicinerà troppo.

In realtà, poiché una stella contenente la stessa materia è milioni di volte più estesa di un buco nero, è molto più probabile che qualcosa impatti sulla superficie di questa stella, visto quanto è grande, rispetto a venir mangiata dal piccolo buco nero al quale si dovrebbe avvicinare fino a poche migliaia di chilometri. In effetti, se al posto del nostro Sole ci fosse un buco nero di uguale massa il moto dei pianeti non cambierebbe affatto. Anche questo, forse, è sorprendente. I buchi neri non mangiano più materia di quella che mangerebbero le stelle che li hanno creati!

Non siamo ancora convinti dai miei ragionamenti teorici? Beh, convinciamoci allora con questo fatto: al centro della Via Lattea si trova un buco nero enorme, generato da processi diversi rispetto alle esplosioni delle stelle, che possiede una massa milioni di volte superiore a quella del Sole. Tutte le stelle della Via Lattea ruotano con ordine attorno a questo perno centrale rappresentato dal mastodontico buco nero. Alcune lo fanno da 13 miliardi di anni; altre, come il Sole e quindi la Terra, da 4,6 miliardi di anni. In questo enorme lasso di tempo tutte queste stelle sono ancora vive e vegete. Solo quelle che si sono avvicinate a meno di mezzo anno luce dal buco nero centrale sono forse state mangiate, ma noi, a 26 mila anni luce dal centro, di certo non correremo mai questo rischio! Basta allora il fatto di orbitare davvero attorno a un enorme buco nero per convincerci che questi a grandi distanze sono del tutto innocui?

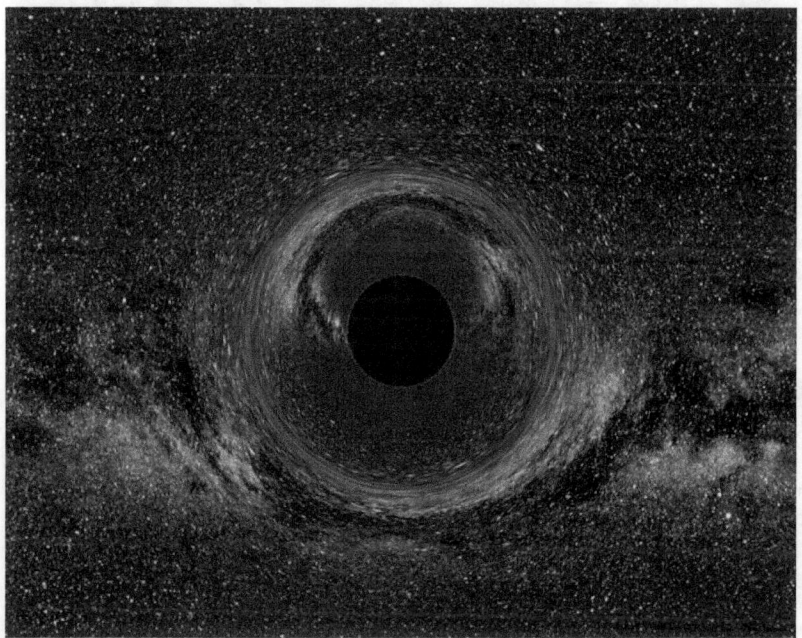

Un buco nero non è più materia. Non c'è più un oggetto materiale al centro ma una regione del tutto nera che nasconde quello che c'è dentro. Il nucleo di ferro delle stelle più massicce può infatti superare le 3 volte la massa del Sole e allora il collasso non può essere fermato nemmeno dalla densità elevatissima dei neutroni. Questo implode all'infinito su se stesso, diventando un punto senza dimensioni che rappresenta un enorme problema per tutti gli scienziati, e genera una forza di gravità così grande nelle sue vicinanze da bloccare qualsiasi fonte di luce vi entri o cerchi di uscire. Questa superficie nera è chiamata orizzonte degli eventi e nessuno sa, e mai saprà, cosa c'è là dentro, anche perché una volta entrati nulla potrà mai più uscire, nemmeno le onde radio.

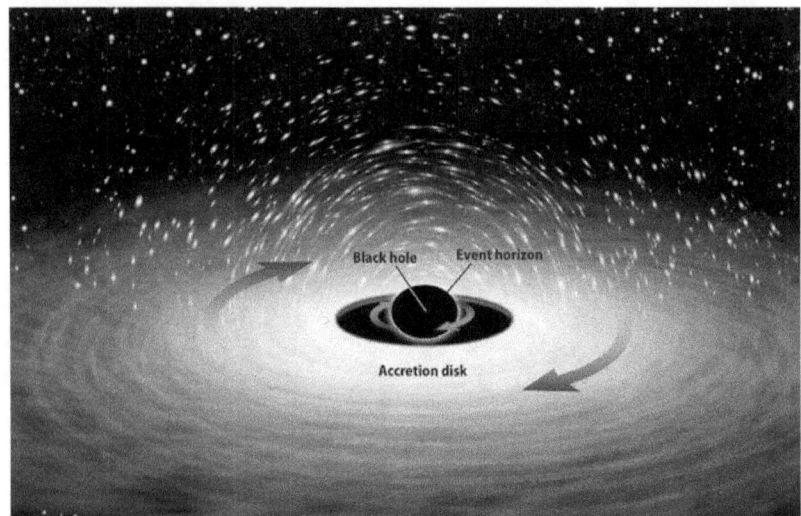

Un buco nero è un mostro che mangia senza mai saziarsi ma non è così crudele da fagocitare tutto quanto. Solo la materia che si avvicina troppo a lui verrà dapprima scaldata su un disco e poi verrà mangiata. Ma se non siamo così imprudenti e non ci avviciniamo troppo, la sua forza di gravità a grandi distanze è la stessa di quella che produrrebbe una stella con la stessa massa e per noi non ci sarebbe alcun pericolo.

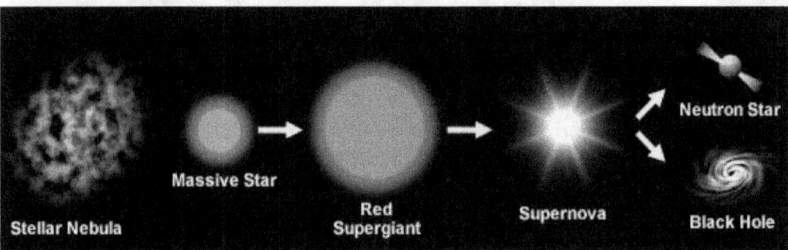

Schema della vita breve e intensa delle stelle di grande massa. Dalla nebulosa che le genera all'esplosione come supernova passano al massimo poche decine di milioni di anni. Gran parte della loro materia viene espulsa, mentre il nucleo subisce un'enorme trasformazione a causa dell'immensa forza di gravità che produce. Gli atomi di ferro si comprimono all'inverosimile e si trasformano in neutroni, se il nucleo non è troppo più massiccio del Sole, o si ha un'implosione completa e infinita che crea una regione (non più un corpo celeste) chiamata buco nero.

96

I resti di supernova

Anche l'esplosione di una stella forma una nebulosa, detta resto di supernova, con caratteristiche però molto diverse rispetto alle nebulose planetarie.

Scagliati nello spazio a velocità di decine di migliaia di chilometri al secondo (al secondo, non all'ora!), i pezzi di stella si allontanano velocissimi da ciò che resta del nucleo stellare. E se questo è diventato una stella di neutroni, allora la sua luce è abbastanza intensa da scaldare il gas e renderlo visibile anche con piccoli telescopi. Se osservassimo i resti di supernova con un grande telescopio vedremmo proprio dei filamenti, veri e propri pezzi di stella che si allontanano a grande velocità. Questo gas, al contrario di quello espulso dalle stelle più piccole attraverso le nebulose planetarie, è molto diverso rispetto alla composizione iniziale. La supernova infatti espelle tutto ciò che si trova sopra al nocciolo di ferro, quindi tutti i gusci composti da silicio, ossigeno, carbonio, elio e idrogeno. In questo modo il resto di supernova conterrà molti elementi più pesanti dell'elio e dell'idrogeno rispetto a quando la stella si era formata. Con la loro liberazione nello spazio ecco che iniziano a comparire anche tutti quegli atomi di cui molti altri oggetti, tra cui i pianeti e la vita, hanno bisogno per potersi formare e creare acqua, un suolo e abitanti coscienti formati proprio da una struttura di carbonio.

La stella di un tempo non c'è più, ma il suo regalo all'Universo è stato davvero inestimabile e noi dovremmo venerare questi oggetti come fossero un Dio, perché, in ultima analisi, sono loro i nostri creatori.

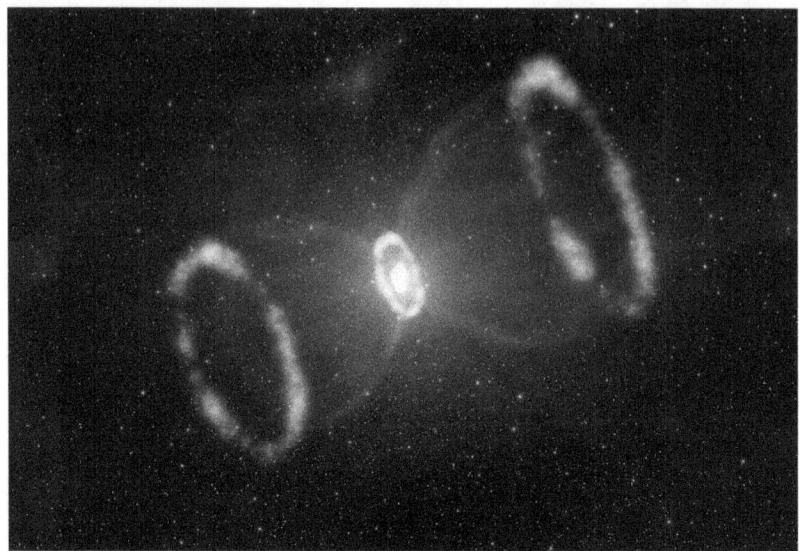

Il gas espulso a centinaia di milioni di chilometri l'ora dalle supernovae viene riscaldato dalla stella di neutroni centrale (se c'è) e si rende visibile come resto di supernova. Parte di questo può ricadere sull'ex nucleo di ferro e trasformarlo in un buco nero. Oppure una parte di gas, composta da polveri, può restare in orbita attorno alla stella di neutroni e formare persino dei pianeti, su cui però nessuna forma di vita potrà mai svilupparsi. Le radiazioni della stella di neutroni sono infatti così forti da sterilizzare in modo perfetto tutto lo spazio intorno a sé.

Non è ancora finita: le ipernovae e i lampi di raggi gamma

Sembravamo essere arrivati alla fine della storia delle stelle. Abbiamo assistito a fenomeni particolari, a volte assurdi, spesso violenti, quasi sempre sorprendenti, in un crescendo che ci ha visto perdere la mente nel cercare di spiegare cosa siano quegli strani oggetti chiamati buchi neri, che persino l'Universo cerca di nascondere a sé stesso.

Non è ancora finita, perché lo studio dell'Universo, e in particolare dell'evoluzione delle stelle, ha portato negli ultimi 15 anni a definire meglio gli istanti finali di stelle molto massicce, circa 40 volte più massicce del Sole. E se fino a questo momento ci siamo intimoriti nell'osservare la violenza con cui certe stelle terminano la loro vita, non so cosa accadrà quando scopriremo cosa succede alle stelle più massicce che l'Universo riesce a creare.

Partiamo da un dato di fatto: tutte le stelle che contengono oltre 8 volte la materia del Sole finiranno prima o poi con il bruciare tutti gli elementi fino al ferro. Quando il nocciolo di ferro si forma e cresce, perché al di sopra le reazioni di fusione nucleare ne creano sempre di più, la vita della stella sta per terminare in modo violento poiché questo elemento non può essere più usato come carburante. Tutte le stelle sopra le 8 volte la massa del Sole esploderanno come supernovae, ma la violenza dell'esplosione dipende ancora una volta da quanto sono massicce.

Le stelle con una massa superiore a 25 volte quella del Sole producono un nucleo di ferro che può diventare così grande da collassare in un buco nero. Questo non avviene però subito. In effetti, al momento dell'esplosione il nucleo di ferro è collassato in una stella di neutroni. Il buco nero si formerà poco dopo, quando pezzi di stella ricadranno sulla stella di neutroni appena nata e la trasformeranno in un buco nero.

Quando a esplodere sono le stelle più massicce dell'Universo, oltre 40 volte più del Sole, le cose sono molto più violente e veloci. Il nucleo di ferro che sta per dare il via all'esplosione diventa così grande che il buco nero si forma poco prima che la stella esploda. E qui le cose si fanno serie. Un buco nero, infatti, quando attorno a sé trova così tanta materia, non si fa di certo scrupoli e inizia a divorarla. La stella ancora non è esplosa, anzi, continua a comprimersi verso il centro, quindi una grande quantità di gas cade nel buco nero appena creato.

Quello che non ho ancora detto è che la materia che viene mangiata da un buco nero, prima che entri in quella zona off limits per tutto l'Universo chiamata orizzonte degli eventi, viene scaldata a miliardi di gradi perché allungata, stirata e compressa da una forza di gravità immensa. In effetti un buco nero che si forma all'interno di una stella così massiccia lo possiamo considerare un altro tipo di motore che trasforma la materia che sta per cadergli dentro in energia. Questo motore, al contrario di quello che funziona con la fusione nucleare e che converte in energia solo lo 0,7% della massa del gas, riesce a trasformare in energia il 10-20, fino al 50% della materia che gli sta cadendo sopra. È un motore quindi molto più potente ed efficiente di ogni processo di fusione nucleare mai visto in tutto l'Universo.

Un motore di tale portata nel cuore di una stella con così tanta materia è una potentissima bomba che sta per innescarsi. E in effetti, quando il buco nero mangia quantità indescrivibili di materia stellare, il motore va a pieni giri producendo spropositate quantità di energia. In brevissimo tempo parte di questa energia viene rilasciata in modo molto particolare. Dai poli del buco nero, poco sopra l'orizzonte degli eventi, vengono emessi due potentissimi fasci laser di raggi gamma, il tipo di "luce" più energetico e pericoloso. Questo fascio laser di raggi gamma dura pochi minuti ma buca tutta la stella e si propaga nello spazio trasportando una quantità di energia che il Sole produrrebbe in qualche miliardo di anni.

La stella è spacciata e dopo poche ore, qualche giorno al massimo, esploderà come una luminosa supernova.

La fine delle stelle più massicce dell'Universo è ancora più violenta. Il nucleo di ferro collassa subito in un buco nero che può mangiare enormi quantità di materia della stella stessa, poco prima dell'esplosione come supernova. Un buco nero è di fatto un motore molto più efficiente della fusione nucleare, così il gas che sta precipitando su di esso viene scaldato a centinaia di miliardi di gradi e trasformato in energia prima di sparire per sempre dentro l'orizzonte degli eventi. La grande quantità di energia viene convogliata dal campo magnetico del buco nero verso i poli, che emettono per pochi minuti dei potentissimi fasci laser di raggi gamma che si rendono visibili per tutto l'Universo. L'esplosione della stella ormai imminente è chiamata ipernova.

I lampi di raggi gamma prodotti dal nucleo trasformato in buco nero sono i fenomeni più violenti ed energetici dell'Universo. Sono dei fasci laser potentissimi che si possono osservare con facilità anche a più di 10 miliardi di anni luce di distanza.

Se un raggio laser di questo tipo si generasse nella nostra galassia, a meno di 10 mila anni luce dalla Terra, e fosse indirizzato proprio verso di noi, farebbe una potentissima radiografia al pianeta, spazzando via gran parte dell'atmosfera e cancellando dalla sua faccia molte forme di vita in pochi secondi, e molte altre nei mesi successivi a causa degli enormi danni causati all'ambiente. Se un lampo gamma si verificasse a meno di 1000 anni luce di distanza sarebbe in grado di cuocere il pianeta: l'aria diverrebbe di fuoco, gli oceani bollirebbero, il suolo si scioglierebbe e non ci sarebbe scampo quasi per nessun essere vivente.

Sembra fantascienza, ma in realtà si pensa che una cosa simile sia già successa circa 450 milioni di anni fa. In quel lontano tempo oltre l'80% della vita sulla Terra venne cancellata quasi all'istante, forse proprio a causa di un potente lampo di raggi gamma che colpì il pianeta e lo rese quasi del tutto sterile.

I lampi di raggi gamma più lontani e deboli non si vedono dalla superficie della Terra perché la nostra atmosfera blocca queste pericolose radiazioni, e anche se non lo facesse i nostri occhi non potrebbero vedere questo tipo di luce, ma solo sentirne gli effetti poco piacevoli.

Quando alla fine degli anni 90 i primi telescopi orbitanti a raggi gamma vennero lanciati per osservare meglio questi strani fenomeni, si scoprì qualcosa di sorprendente: di lampi di raggi gamma ce ne sono ogni giorno, tutti i giorni, in ogni parte del cielo.

Tutti quelli osservati fino ad ora provengono però da galassie lontanissime, più di 8 miliardi di anni luce, ed è per questo motivo che non hanno causato mai alcun danno.

Le stelle tanto massicce da generare un lampo gamma sono infatti molto rare. Si pensa che in una galassia ne esploda una ogni 100 mila anni. È questo il motivo per cui i lampi li vediamo sempre lontani, perché più guardiamo lontano nello spazio più galassie troviamo nel cielo. Possiamo allora tirare un sospiro di sollievo: la rarità di questi fucili cosmici e la necessità che debbano puntare la loro canna verso di noi per farci del male, rende molto difficile il verificarsi di un evento di tale, distruttiva, portata. Certo, è forse già successo in passato che la Terra venisse colpita da un raggio gamma molto vicino, quindi potrebbe accadere di nuovo, ma tanto per evitarlo non potremmo fare nulla.

2704 BATSE Gamma-Ray Bursts

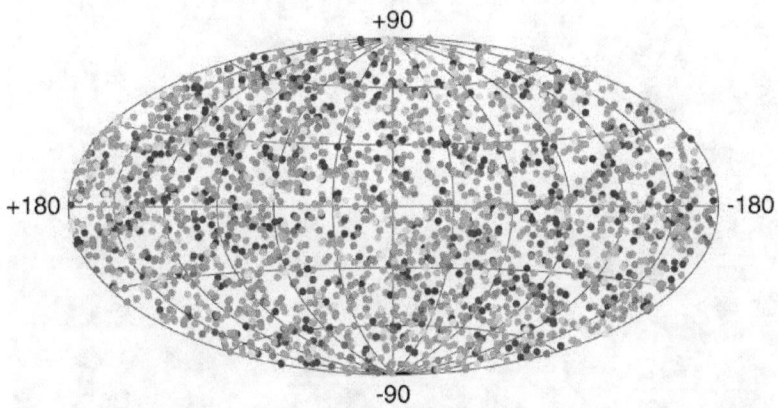

I lampi di raggi gamma sono fenomeni che in tutto l'Universo si verificano ogni giorno, in ogni parte del cielo. Finora nessun lampo di raggi gamma è arrivato dalla Via Lattea o da galassie a noi vicine.

I raggi gamma sono luce molto violenta e come tale viaggiano proprio alla velocità della luce. Quindi, non c'è modo di prevedere il loro arrivo perché quando vediamo che qualcosa di strano sta accadendo in direzione di una stella vuol dire che stiamo già per ricevere, entro pochi secondi, la parte più potente del fascio laser di raggi gamma.

Non c'è comunque motivo per cui preoccuparsi. Al momento c'è solo una stella entro 10 mila anni luce di distanza in grado di produrre (forse) un lampo gamma alla fine della propria vita, ma per fortuna non sembra che la canna del suo fucile sia puntata nella nostra direzione. Mettiamo quindi da parte un po' di paura, che forse ci è venuta, e cerchiamo di trovare uno spunto positivo anche in questo inquietante scenario.

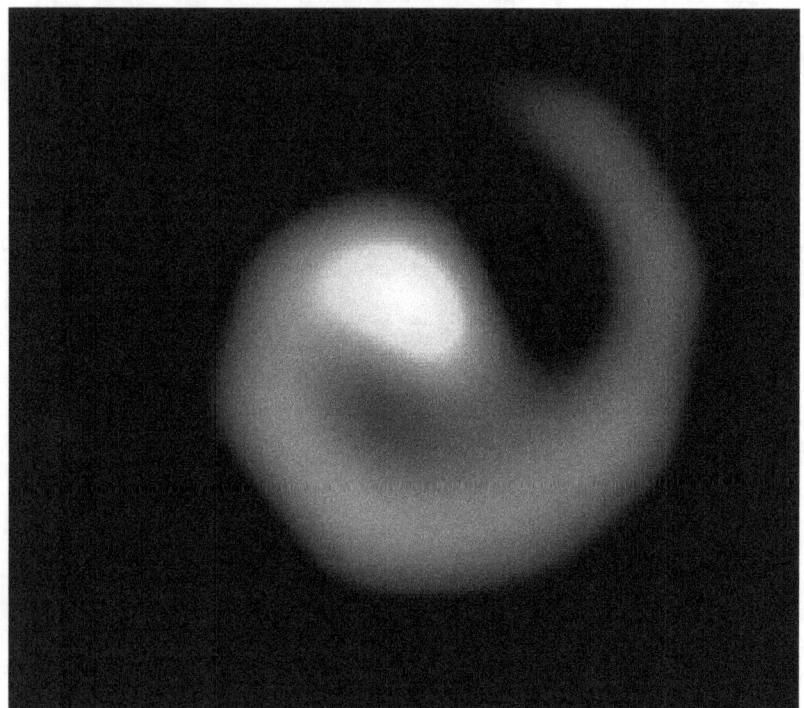

Se un lampo di raggi gamma colpisse la Terra entro i 10 mila anni luce di distanza potrebbe cancellare in poco tempo gran parte della vita. È forse già successo 450 milioni di anni fa e potrebbe accadere di nuovo nel futuro. Al momento solo una stella a 8 mila anni luce di distanza sembra poter esplodere come ipernova ed emettere quindi un lampo gamma, ma le ultime osservazioni, come questa foto, sembrano suggerire che il fascio non sarebbe diretto verso di noi e quindi ci mancherebbe. Pericolo scampato!

Non c'è dubbio che la vita sulla Terra sia qualcosa di molto fragile, se rapportata ai pericoli e alle energie dello spazio. Ben più grandi dei problemi e dei rischi che affrontiamo ogni giorno, come attraversare una strada trafficata, alcuni eventi cosmici potrebbero spazzarci via anche tra dieci secondi, senza avvisarci. E allora, invece di preoccuparci perché tanto per molti di essi non potremmo mai farci nulla, cerchiamo di vivere al massimo ogni giorno che l'Universo ci concede in sua compagnia. Ogni ora, ogni minuto, ogni secondo della nostra vita è importantissimo e preziosissimo; viviamolo e apprezziamolo al massimo senza sprecarne mai neanche un briciolo. Viviamo troppo poco tempo per poterci permettere di aver paura.

Un piccolo approfondimento: il diagramma HR

Abbiamo visto tutte le fasi di vita di una stella. Abbiamo anche capito che tutte funzionano allo stesso modo e a cambiare è solo la massa, cioè la quantità di materia, che scatena una serie di eventi che portano le stelle a vivere una vita molto breve e violenta, se molto più massicce del Sole, o molto tranquilla e lunghissima se sono meno massicce. Se ricordiamo bene, alcune fasi di vita delle stelle hanno nomi particolari. In questo momento mi viene in mente la sequenza principale, che identifica la parte di vita in cui si brucia l'idrogeno al centro, la più lunga e tranquilla. Poi c'è la fase di gigante rossa o di supergigante per le stelle molto massicce, la cui caratteristica principale è che al centro della stella il motore è spento e brucia carburante (prima idrogeno, poi elio e idrogeno) solo nei gusci superiori. Abbiamo anche visto che molte stelle nelle fasi successive alla sequenza principale possono sviluppare uno strano comportamento che le porta a pulsare, variando dimensioni e temperatura superficiale anche di 1000°C. Insomma, abbiamo capito che le stelle, non essendo esseri senzienti, obbediscono in modo molto rigido alle regole che l'Universo ha deciso valere per tutte loro.

Proprio basandoci sul potente fatto che ogni stella segue le regole dell'Universo, riusciamo a prevedere le loro proprietà, la durata delle loro vite, cosa succede al centro e persino di quanto si devono espandere durante le fasi (eventuali) di pulsazione.

Gli astronomi ci hanno messo centinaia di anni per scoprire le regole fisiche che governano il funzionamento delle stelle. Uno degli strumenti più importanti, utili e affascinanti che ci fa capire che l'Universo non crea le stelle a caso, come un artista che produce uno splendido dipinto, è un grafico chiamato diagramma HR.

106

Senza andare troppo nei dettagli, due astronomi, Hertzsprung e Russell, all'inizio del '900, erano impegnati nello studio delle stelle e nel cercare di capire come fossero fatte. Nel nostro mondo quotidiano, se vogliamo sapere com'è fatto qualcosa lo possiamo osservare da vicino, toccare, smontare, spaccare, fotografare in minimo dettaglio. In astronomia tutto questo è difficile. Per quanto riguarda le stelle, queste sono troppo lontane per essere osservate bene con un telescopio e per raggiungerle con un'astronave. Sono enormi, e di certo non le possiamo riprodurre in un laboratorio scientifico e, ammesso che riuscissimo a raggiungerle, non potremo mai fare un viaggio al centro per capire cosa c'è. Sembra allora incredibile che tutte le informazioni che conosciamo delle stelle arrivino solo dall'analisi della loro luce: intensità e colore. Se ci aiutiamo con qualche legge che già conosciamo, come quella vista tante pagine addietro che lega il colore osservato di un oggetto caldo alla sua temperatura, piano piano, come dei provetti investigatori, riusciamo a capire tutto quello che ho raccontato in questo libro e molto di più.

In effetti un astronomo non è nient'altro che un investigatore del cielo. Se i detective della polizia cercano i criminali analizzando la scena di un delitto, noi astronomi cerchiamo di scoprire come funziona l'Universo e i suoi abitanti seguendo lo stesso modo di ricerca, ma con una grande differenza. Gli investigatori della polizia possono osservare da vicino la scena del crimine, fare misure, ispezioni, esperimenti. Noi no; possiamo solo osservare la scena del "delitto" da lontano con i nostri telescopi e analizzare l'unica cosa che ci invia: la luce. E allora si capisce come fare l'astronomo sia un mestiere un po' più complicato dell'investigatore. È come se questi dovessero scoprire l'autore di un delitto osservando la scena del crimine dal buco stretto della serratura di una lontana porta, analizzando solo la luce che arriva. Sembra una missione impossibile ma non lo è.

La luce degli oggetti celesti, per fortuna, al contrario di quella che proviene da una scena del crimine terrestre, porta con sé le informazioni sul funzionamento e sulla struttura del corpo che l'ha emessa e del meccanismo che l'ha prodotta.

Torniamo al nostro diagramma HR. Hertzsprung e Russell scoprirono, in modo indipendente, che se costruiamo un grafico, un piano cartesiano in cui sull'asse x si inserisce la temperatura superficiale delle stelle, o il loro colore, e sull'asse y la loro luminosità intrinseca, cioè la loro potenza reale, e facciamo misurazioni di colore e luminosità per tantissime stelle, il piano si popola in modo strano. Ci accorgiamo, infatti, che le stelle non si dispongono a caso ma occupano sempre le stesse zone.

Nel diagramma HR possiamo allora individuare una lunga linea diagonale che rappresenta la sequenza principale. Tutte le stelle che si trovano qui stanno bruciando l'idrogeno nel nucleo. E' una linea ben estesa perché in questa stabile fase della vita le stelle più massicce sono sempre più calde, in superficie, e più luminose di quelle meno massicce.

In alto a destra si trova la regione delle giganti e delle supergiganti. Qui si posizionano tutte le stelle che nel nucleo hanno finito l'idrogeno e lo stanno bruciando in un sottile guscio sopra il nocciolo di elio. Nella parte più alta, quella delle supergiganti, le stelle più massicce bruciano l'elio e l'idrogeno in gusci sopra il nocciolo centrale e spento di carbonio e ossigeno.

Una stretta regione quasi verticale delimita i confini entro i quali tutte le stelle in questa zona presentano quello strano fenomeno delle pulsazioni. Solo le stelle in questa che è chiamata striscia di instabilità pulsano.

Infine, nella parte in basso a sinistra si trova la regione occupata dalle nane bianche, le braci ardenti di stelle di massa media e piccola. Questo grafico, quindi, rappresenta la carta di i-

dentità della vita di tutte le stelle dell'Universo, nessuna esclu-
sa.

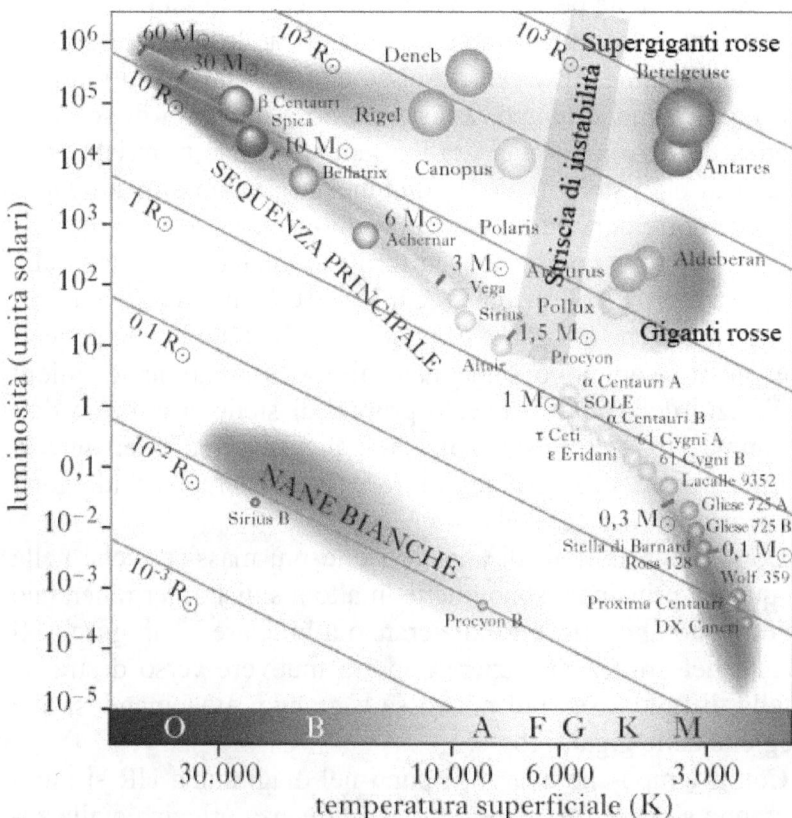

Il diagramma HR è uno strumento fantastico per capire le proprietà delle
stelle. Basta misurare per ognuna la temperatura superficiale (legata al colore) e la luminosità intrinseca, ovvero la potenza, come quella che determina
le caratteristiche di una lampadina. Le stelle si dispongono in zone ben distinte. Se facciamo ben attenzione capiremo anche che le diverse zone in
questa figura hanno gli stessi nomi delle diverse fasi dell'evoluzione delle
stelle...

Catturare la vita delle stelle

Le diverse zone del diagramma HR rappresentano le tappe che tutte le stelle percorrono nel corso della loro vita.

In effetti, se osservassimo un gruppo di stelle e costruissimo il loro diagramma HR e poi riuscissimo a mandare avanti in modo rapidissimo il tempo, assisteremmo a qualcosa di sorprendente. Se ogni punto del grafico rappresenta le proprietà principali di ogni stella (colore e luminosità), mano a mano che il tempo scorre ogni punto inizierà a muoversi.

Tutte le stelle cominciano la loro vita quando arrivano sulla sequenza principale perché significa che hanno iniziato a bruciare l'idrogeno al centro. Supponiamo che tutte le componenti del nostro campione siano nate allo stesso momento, allora all'inizio della vita di questo gruppo di stelle si avrà un diagramma HR che mostra solo la sequenza principale: tutte le stelle, infatti, all'inizio delle loro esistenze bruciano idrogeno al centro.

Dopo pochi milioni di anni le stelle più massicce, che nella sequenza principale sono quelle in alto a sinistra, termineranno l'idrogeno al centro e lo inizieranno a bruciare in un guscio. Il punto nel grafico si inizierà allora a muovere verso destra: la stella diventerà sempre più rossa e grande, avvicinandosi alla regione delle giganti rosse.

Con il tempo che avanza, i punti nel diagramma HR si muoveranno sempre verso destra, dalla sequenza principale alla zona occupata dalle giganti, fino a terminare, solo per stelle con una massa minore di 8 volte quella del Sole, nella zona in basso a sinistra dove si posizionano le nane bianche. Anche queste si muovono con il tempo: una nana bianca inizia la sua storia nella parte sinistra e poi scivola giù verso luminosità più basse e colori sempre più rossi. Questo è il segno che il tizzone ardente si sta raffreddando.

110

Sembra quasi che il diagramma HR riesca a catturare la vita e le energie delle stelle. Con lo scorrere dei milioni, poi miliardi di anni la sequenza principale si ripiega su se stessa e comincia a privarsi delle stelle più massicce. Il suo movimento ricorda quello di una mano che parte distesa, inclinata di circa 45°, e che lenta chiude le dita. Dopo dieci miliardi di anni il punto in cui le dita della sequenza principale si richiuderanno sarà arrivato a stelle simili in massa al Sole. Dopo 100 miliardi di anni resteranno nella sequenza principale solo le stelle meno massicce, più fredde e rosse. Dopo 1000 miliardi di anni anche l'ultima stella abbandonerà la sequenza principale e resteranno solo giganti rosse e nane bianche.

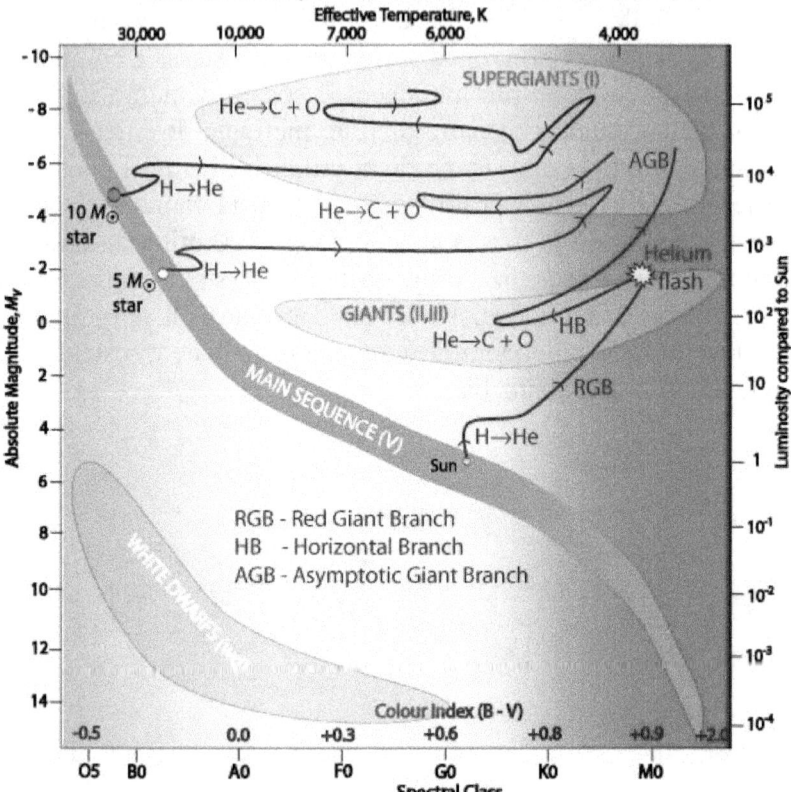

Evolutionary Tracks off the Main Sequence

RGB - Red Giant Branch
HB - Horizontal Branch
AGB - Asymptotic Giant Branch

...E in effetti, se mandiamo avanti il tempo notiamo che nel diagramma HR le stelle si spostano durante la loro vita. Si parte dalla sequenza principale, poi ci si sposta verso la zona delle giganti e delle supergiganti e si finisce nell'area occupata dalle nane bianche, almeno per quelle stelle che lo diventano. Le stelle molto massicce consumano l'elio alla svelta e subito tutti gli altri elementi; per quelle meno massicce, simili al Sole, la fase di bruciamento dell'elio al centro avviene in condizioni molto più stabili e tranquille, tanto che gli astronomi l'hanno chiamata braccio orizzontale e che su un diagramma HR compare solo dopo qualche miliardo di anni dalla nascita delle stelle.

Evoluzione delle stelle di grande massa

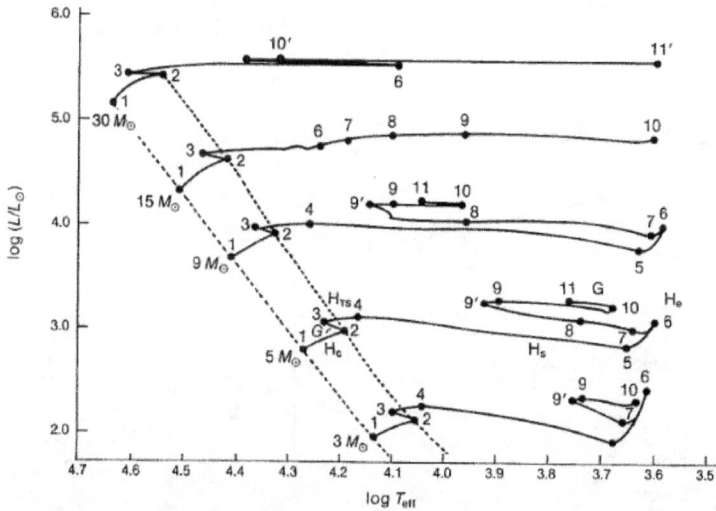

Ecco come evolvono le stelle di grande massa nel diagramma HR a partire dalla sequenza principale. I loro percorsi sono diversi e molto più rapidi delle stelle simili al Sole. A destra, in prossimità dei punti più esterni, si trova la regione delle supergiganti, in alto, e delle giganti, più in basso. Le masse delle stelle sono espresse in masse solari. Ad esempio, l'espressione $3M_\odot$ ci dice che stiamo considerando una stella che ha 3 volte la massa del Sole.

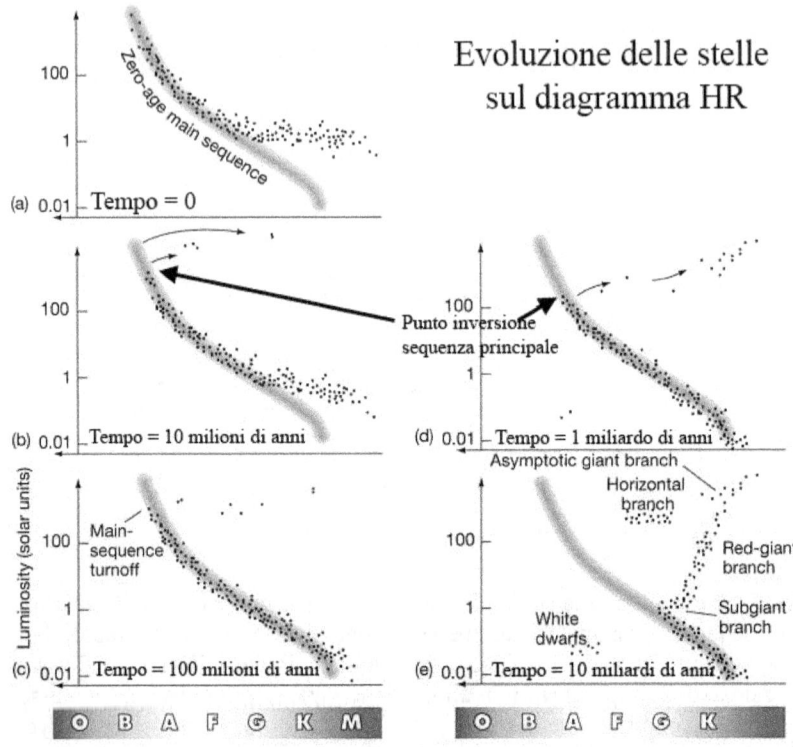

Evoluzione delle stelle sul diagramma HR

(a) Tempo = 0 — Zero-age main sequence, 100, 1, 0.01

(b) Tempo = 10 milioni di anni — 100, 1, 0.01

(c) Tempo = 100 milioni di anni — Main-sequence turnoff, 100, 1, 0.01

Luminosity (solar units)

(d) Tempo = 1 miliardo di anni — Punto inversione sequenza principale, 100, 1, 0.01

(e) Tempo = 10 miliardi di anni — Asymptotic giant branch, Horizontal branch, Red-giant branch, Subgiant branch, White dwarfs, 100, 1, 0.01

O B A F G K M

O B A F G K

Questa immagine mostra l'evoluzione del diagramma HR di un gruppo di stelle che iniziano a nascere insieme. Al tempo zero, molto vicino alla nascita degli astri, le stelle di massa maggiore si saranno già accese e saranno sulla sequenza principale. Quelle di massa minore, sebbene abbiano iniziato a formarsi allo stesso istante delle sorelle più massicce, hanno bisogno di più tempo per arrivare sulla sequenza principale, fino a 100 milioni di anni. Di fatto, quando le stelle meno massicce avranno raggiunto con fatica la sequenza principale e si saranno accese, quelle più massicce cominceranno a uscirne veloci, spostandosi nella regione delle supergiganti e trasformandosi presto in supernovae. Nel diagramma HR la sequenza principale riporta le stelle più massicce in alto a sinistra; mano a mano che si va verso destra e in basso si trovano quelle meno massicce. Osservando la forma della sequenza principale possiamo stimare con ottima precisione l'età di un gruppo di stelle, a patto che abbiano iniziato a formarsi allo stesso tempo e che si trovino circa alla stessa distanza da noi. Una sorpresa inaspettata ma utilissima!

Quanto sono vecchie le stelle

I movimenti che le stelle nel corso della loro vita compiono nel diagramma HR sono chiamate tracce evolutive, perché sono dei binari, fissati dalla massa stellare iniziale, su cui tutti gli astri dell'Universo si muovono nel corso della loro vita.

Se ragioniamo più a fondo su quanto detto poco fa, possiamo arrivare a scoprire uno straordinario strumento per misurare l'età delle stelle.

In effetti il principio è semplice. Se un gruppo di stelle nasce allo stesso tempo ma con masse diverse, allora il diagramma HR di questo gruppo con il tempo che scorre si trasformerà, come abbiamo già visto. All'inizio avremo tutte le stelle in sequenza principale, poi le più massicce si sposteranno nella regione delle supergiganti per poi scomparire come esplosioni di supernovae. E allora ecco qualcosa di straordinario. Per capire quando sono nate quelle stelle che stiamo osservando basta studiare la forma del loro diagramma HR.

Poiché la sequenza principale è la tappa più lunga, tanto che rappresenta oltre il 90% della vita di ogni stella, il punto magico in cui questo grafico ci dice l'età di quel gruppo di stelle è rappresentato dal momento in cui gli astri escono dalla sequenza principale. Nel diagramma HR questo punto è detto di inversione e se abbiamo considerato molte stelle per costruirlo è facile da vedere. Questo luogo ci dice quali stelle stanno terminando l'idrogeno al centro e poiché la durata della vita dipende dalla massa della stella come visto in una tabella qualche pagina indietro, possiamo capire con ottima precisione l'età di quel gruppo di astri. Fantastico, vero?

Certo, nella pratica le cose sono un po' più complicate. Prima di tutto serve selezionare stelle che sappiamo essere nate allo stesso momento e questo non è vero se ne scegliamo a caso nel cielo. Dobbiamo rivolgere la nostra attenzione verso gruppi particolari, gli ammassi aperti o gli ammassi globulari, associazioni di centinaia o centinaia di migliaia di stelle che si pensa siano nate tutte insieme (ricordiamo? Le stelle amano nascere a gruppi, per fortuna!).

Poi, un diagramma HR sull'asse y vuole la luminosità delle stelle, cioè l'energia che emettono, ma questo è un valore non facile da ottenere. Infatti la luminosità che misuriamo sulla Terra è influenzata anche dalla distanza. Se prendiamo la solita lampadina da 100 watt e la mettiamo prima a 1 metro e poi a 100 metri di distanza la luce che misuriamo è molto diversa, ma l'energia emessa dalla lampadina resta sempre la stessa. In questi casi si parla di luminosità apparente, quella che misuriamo e che dipende sia dall'oggetto che l'ha emessa che dalla sua distanza, e luminosità assoluta, che è l'energia emessa dall'oggetto, la sua potenza. Senza conoscere la distanza delle stelle che vogliamo mettere nel nostro diagramma HR, non misureremo mai l'energia emessa ma quella che ci arriva modificata dalle diverse distanze. L'ho già detta una cosa del genere quando abbiamo parlato delle stelle pulsanti ma è meglio ripeterla perché è fondamentale per capire le difficoltà che si hanno quando si vogliono studiare oggetti molto lontani come le stelle.

Possiamo aggirare l'ostacolo in due modi:

1)   Per ogni stella misuriamo la distanza e così capiamo qual è la sua reale potenza. È un'operazione corretta ma molto lenta e imprecisa perché la misura della distanza è molto difficile da fare, tranne nel caso delle variabili Cefeidi. Però non possiamo sempre essere così fortunati da trovare questi segnali stradali dell'Universo in ogni zona che vogliamo studiare;

2)   Consideriamo un gruppo di stelle molto distanti da noi e supponiamo che si trovino alla stessa distanza. In questo caso, anche se non sappiamo quanto distano, quindi non possiamo conoscere la potenza delle singole

116

stelle, si può comunque costruire un diagramma HR, perché se queste si trovano alla stessa distanza da noi vuol dire che le differenze di luminosità che vediamo corrispondono a diverse energie emesse dalle stelle e non sono alterate da differenti distanze.

Sembra complicato, ma non lo è: se scegliamo degli ammassi stellari molto distanti, più di qualche centinaio di anni luce, li possiamo considerare composti da stelle nate allo stesso tempo e come se fossero tutte alla stessa distanza da noi. In questo modo possiamo misurare solo la luminosità apparente che riceviamo e la disposizione delle stelle nel grafico sarà la stessa di quella ottenuta da un diagramma HR più serio che considera le luminosità assolute in base alla stima delle distanze.

Il gioco allora è fatto. Se nella realtà esistono oggetti quasi ideali composti da astri nati insieme e a distanze quasi identiche dalla Terra, noi possiamo misurarne con ottima precisione l'età. Scopriremo, allora, che gli ammassi aperti, oggetti luminosi e composti da qualche centinaio di stelle, come le Pleiadi, visibili a occhio nudo in autunno e in inverno, sono ancora ricchi di stelle azzurre molto calde e massicce. Poiché queste vivono poco, se ne deduce che tutti gli astri che compongono questo oggetto siano molto giovani per l'Universo, poche centinaia di milioni di anni.

Al contrario, il diagramma HR di un ammasso globulare, un oggetto composto da decine di migliaia di stelle che orbita attorno alla nostra Galassia un po' come fa la Luna con la Terra, è molto diverso. Non ci sono stelle blu; tutte sono rosse o gialle e mostra una sequenza principale che si ripiega a metà strada. Vuol dire che tutte le stelle più massicce di quelle che si trovano sul punto in cui la sequenza principale si piega sono scomparse, rivelando età che possono essere anche superiori a 10 miliardi di anni.

Sembra quasi fantascienza: analizzando luce e colore delle stelle riusciamo a capire la loro età. Questa è la vera magia; la magia della scienza!

Diagramma HR di alcuni ammassi aperti famosi

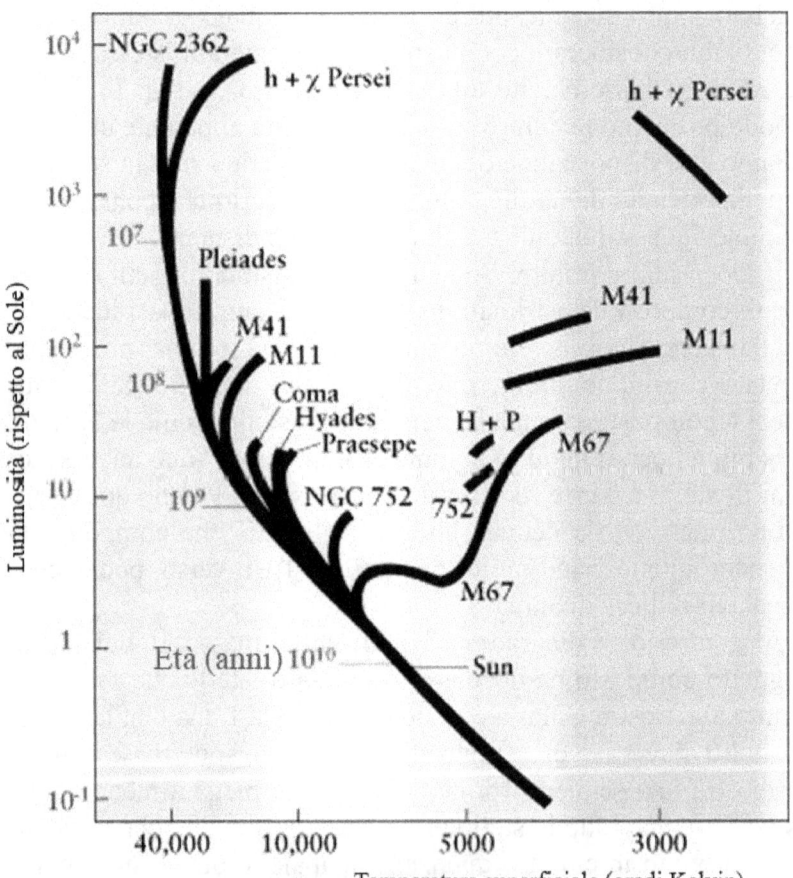

Il diagramma HR dei gruppi di stelle chiamati ammassi stellari ci fornisce una fotografia molto potente che cattura con ottima precisione la loro età. Mano a mano che il tempo passa, le stelle iniziano a uscire dalla sequenza principale in funzione della loro massa. Così, il punto in cui la sequenza principale fa una curva, si inverte, determina l'età di quel gruppo di stelle. Nell'immagine l'età è espressa in anni, con la notazione usata dagli scienziati. 10^{10} anni sono 10 miliardi di anni, 10^9 anni sono un miliardo di anni, 10^8 anni sono 100 milioni di anni e infine 10^7 anni sono 10 milioni di anni. Tutti questi ammassi aperti sono facili da vedere con un binocolo o un piccolo telescopio nei nostri cieli; alcuni, come le Pleiadi e l'ammasso del Presepe, si vedono anche a occhio nudo. La temperatura è espressa in gradi Kelvin, la scala utilizzata in astronomia. Lo zero della scala Kelvin equivale a circa -273°C e corrisponde alla temperatura più bassa che si può ottenere, detta zero assoluto. Singolare questo fatto dell'Universo: le fasi finali delle stelle possono arrivare a temperature di centinaia di miliardi di gradi ma non è possibile raffreddare qualcosa al di sotto di -273°C, cioè 0° Kelvin. Chissà perché la Natura ha scelto questo comportamento?

Stelle molto particolari

Tutte le stelle nascono da famiglie più o meno grandi, ma alcune, poche, iniziano la loro vita anche in compagnia di un gemello molto particolare, che condizionerà entrambe le esistenze e le renderà ancora più spettacolari.

Alcuni astri nascono in quelli che gli astronomi chiamano sistemi binari stretti. In parole molto semplici, due stelle normali possono nascere molto vicine l'una all'altra, in uno spazio delle dimensioni del nostro Sistema Solare.

Finché entrambe si trovano nella sequenza principale il sistema, benché strano, non presenta nessuna differenza rispetto alle singole stelle. Tutto però cambia, e in modo drammatico, quando la prima delle due componenti esce dalla sequenza principale e diventa una gigante rossa, o una supergigante.

Quando una stella in un sistema binario molto stretto si gonfia, è possibile che questo si trasformi in un oggetto molto peculiare. Queste stelle, infatti, sono un po' come dei gemelli siamesi. Fin dalla loro nascita sono legate dalla forza di gravità che le fa orbitare l'una attorno all'altra. E proprio come due gemelli siamesi sono collegati tra di loro, anche due stelle doppie sono collegate da un'invisibile regione che hanno in comune. In questa regione si trova un punto che ha una proprietà molto interessante: su questo punto la forza di gravità è nulla perché ci sarà una stella che attrarrà da una parte e l'altra che lo farà in egual modo. Questa piccola regione di spazio, che gli astronomi hanno chiamato punto lagrangiano, segna il confine tra l'influenza della gravità delle due stelle. Poco oltre predominerà la forza di gravità di un astro, poco prima quella dell'altro. Quando una delle due stelle aumenta le sue dimensioni, è possibile che diventi così grande da arrivare a questo punto in comune con la forza di gravità della compagna e si

120

può verificare quello che viene chiamato trasferimento di massa.

La stella diventa così grande che supera il confine entro cui domina la sua forza di gravità e attraverso il punto lagrangiano comincia a riversare materia verso l'altra compagna. Le stelle, quindi, si possono scambiare materia e questo provoca uno stravolgimento di tutte le tappe dell'evoluzione che con un po' di fatica abbiamo visto nelle pagine precedenti.

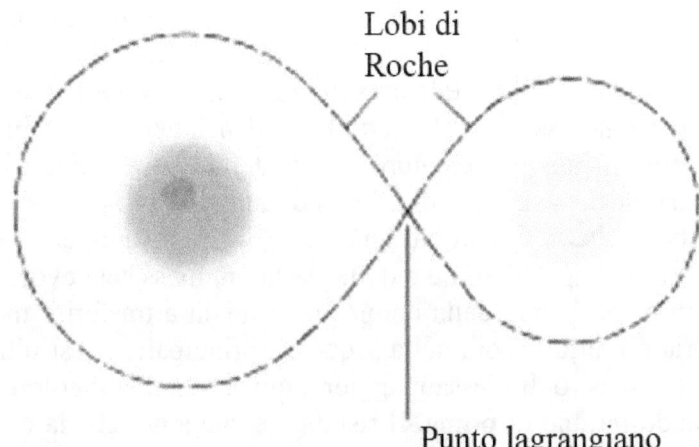

Lobi di Roche

Punto lagrangiano

Due stelle che si formano molto vicine orbitano l'una intorno all'altra e questo fatto provoca grandi cambiamenti. In particolare, la zona che possono occupare i loro dischi non è infinita ma limitata dalla presenza della compagna. I lobi di Roche sono le zone più grandi che queste stelle possono occupare senza fondersi. Il punto lagrangiano che divide le massime superfici occupabili rappresenta un binario molto comodo per il trasferimento di materia dall'una all'altra componente. Infatti, quando la stella più massiccia del sistema diventa una gigante rossa, o una supergigante, può aumentare di dimensioni più della regione massima determinata dal suo lobo di Roche. Quando questo avviene, attraverso il punto lagrangiano la stella che si è gonfiata inizia a riversare parte della sua materia sulla compagna. Il trasferimento di massa è un ottimo modo per far cambiare i connotati alle stelle, alterare la loro vita e creare grandi grattacapi agli astronomi che cercano di studiarle!

Il trasferimento di materia può avere effetti sorprendenti, soprattutto se le stelle invece di volersi bene come due fratelli si cominciano a prendere a sberle come fossero acerrimi nemici. Nel linguaggio dell'astronomia stellare prendersi a sberle in questi casi significa che il trasferimento di materia avviene per molto tempo e coinvolge enormi quantità di gas.

Può succedere, allora, che una stella che diventa una gigante rossa trasferisca sull'altra tutta la materia dell'inviluppo, rimanendo solo con un nucleo molto denso di elio che non riesce più a far accendere. È in questo modo che si formano le rarissime nane bianche di elio, che secondo la teoria dell'evoluzione delle stelle ancora non dovrebbero esistere, eppure vengono osservate. Di fatto l'invadenza dell'altro gemello pone fine in modo prematuro a una stella che avrebbe avuto ancora qualche centinaio di milioni di anni di vita.

Si può anche verificare un fenomeno di ringiovanimento, una specie di lifting. Infatti quando la stella più massiccia evolve in gigante rossa prima della compagna e inizia a trasferire molta materia all'altra ancora nella sequenza principale, quest'ultima diventa un astro di massa maggiore, quindi cambia il colore diventando più blu di prima. Il risultato è che a noi che la osserviamo questa stella sembra più giovane perché, essendo blu e ancora in sequenza principale, non dovrebbe avere più di qualche centinaio di milioni di anni, quando in realtà può essere vecchia anche di 8 o 10 miliardi. Anche le stelle, quindi, a volte possono ringiovanire, ma questo non va a loro vantaggio perché accorcia di molto la durata residua delle loro vite. Le stelle ringiovanite sono chiamate vagabonde blu e si osservano in oggetti vecchi come gli ammassi globulari. Nel diagramma HR si mostrano come punti che si trovano prima del punto di inversione della sequenza principale, là dove il nostro modello di formazione contemporanea ci dice che non dovrebbero esistere stelle perché ormai tutte estinte.

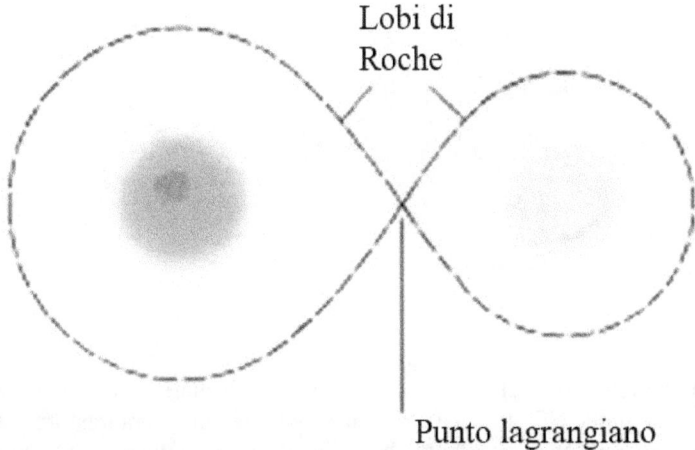

Lobi di
Roche

Punto lagrangiano

Ringiovanimento di una stella. A sinistra una stella più massiccia e calda (colore blu) insieme a una compagna meno massiccia e più fredda. Sembra una situazione calma, ma è la quiete prima della tempesta.

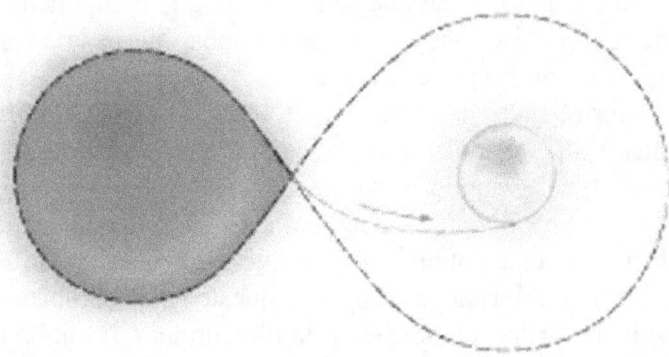

La stella più massiccia esce dalla sequenza principale e diventa una gigante (o supergigante) rossa. Riempie tutta la superficie che ha a disposizione ma continua a crescere, quindi inizia a trasferire materia alla compagna che se ne stava tranquilla a vivere la propria vita in pace.

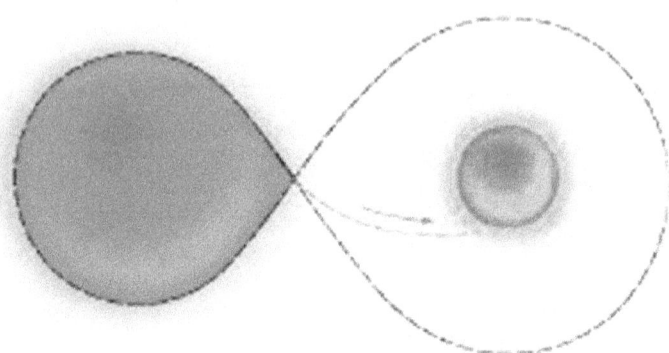

Dopo centinaia di migliaia di anni di scambio di materia, la stella che un tempo era gialla, e destinata a vivere per molto tempo, è ora trasformata. La sua massa è cresciuta così tanto che è diventata una stella azzurra. Pur contro la sua volontà, la compagna le ha regalato un lifting che la fa apparire molto più giovane di quanto non sia in realtà, ma a caro prezzo: ora, come tutte le stelle blu/azzurre di grande massa, la sua vita sarà molto più corta di quella che l'aspettava prima.

Non è finita qui, perché se una delle due componenti di questi strani sistemi doppi è una nana bianca, allora le cose possono diventare molto più esplosive.

Trasferire materia su un oggetto così denso e caldo come una nana bianca è molto più pericoloso che riversarla su una normale stella. Quando il trasferimento di materia si attiva perché l'altra stella diventa una gigante rossa, la nana bianca si trasforma in una potente bomba nucleare. Quando su di essa si accumula abbastanza idrogeno, questo viene bruciato in modo esplosivo, rilasciando l'energia di centinaia di migliaia di volte quella prodotta dal Sole. Stiamo assistendo a quella che viene chiamata nova, un particolare tipo di stella variabile. A intervalli di qualche decina di migliaia di anni la nana bianca innesca in modo esplosivo l'idrogeno strappato dalla compagna e aumenta di luminosità fino a farsi vedere a migliaia di anni lu-

ce dalla Terra. Ecco il significato del nome: nova infatti significa stella nuova, un astro che prima non si vedeva e a un certo
punto compare per qualche mese prima di scomparire di nuovo.

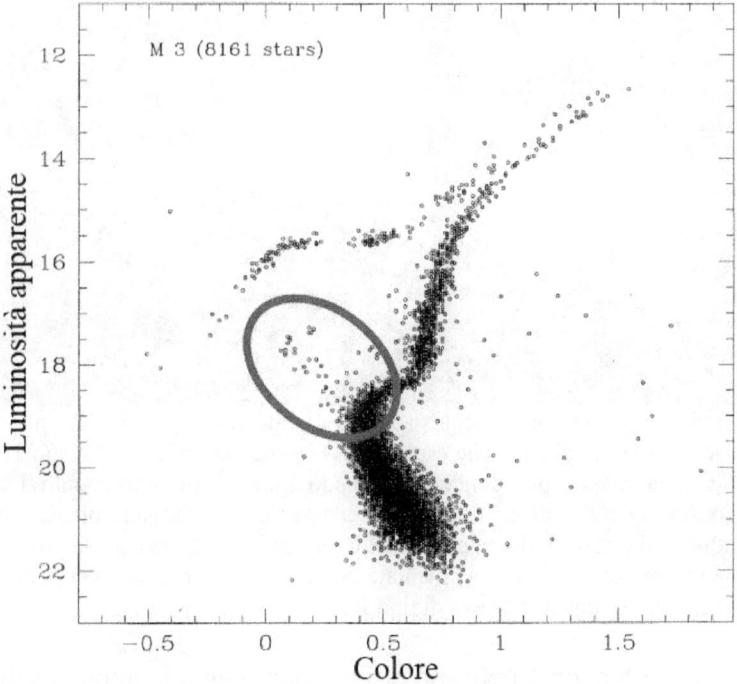

Lo scenario descritto sembra troppo rocambolesco per essere vero, eppure
negli ammassi stellari, in particolare gli ammassi globulari, vecchi e molto
ricchi di stelle, troviamo degli astri che popolano la sequenza principale nelle zone a masse più alte rispetto a dove è arrivato il punto di inversione.
Queste stelle, chiamate vagabonde blu, rappresentano ancora un mistero, ma
si pensa che la loro esistenza sia resa possibile dal fenomeno di "lifting" a
cui sono sottoposte alcune componenti più rosse a seguito del trasferimento
di grandi quantità di materia da compagne molto vicine. L'Universo stupi-
sce sempre, non c'è dubbio!

125

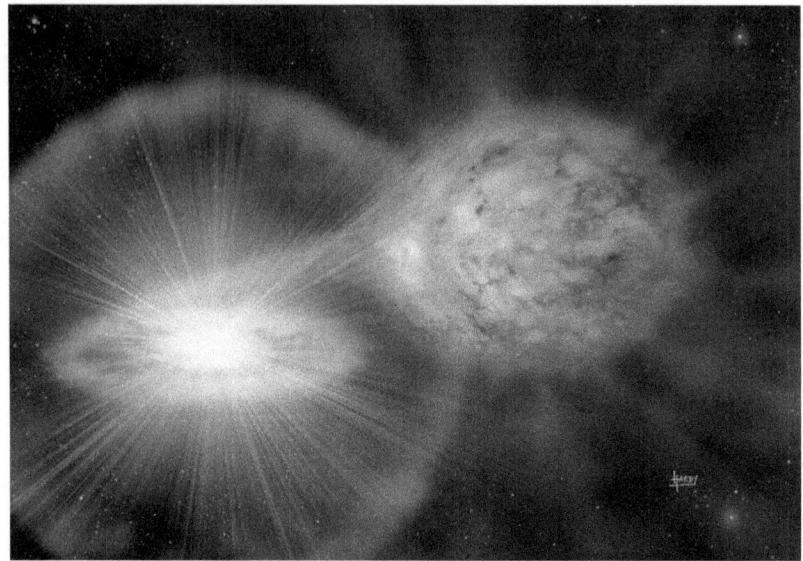

Quando una nana bianca acquisisce gas da una compagna evoluta può dar luogo a violente e periodiche esplosioni. L'idrogeno, infatti, sulla superficie della nana bianca può fondersi in modo molto rapido formando l'elio. L'enorme quantità di energia rilasciata fa splendere la nana bianca come centinaia di migliaia di soli per qualche settimana. Se il trasferimento di materia prosegue, questa stella chiamata nova può arrivare a un evento ancora più distruttivo, una supernova di tipo Ia.

Le nane bianche, però, possono giocare anche un altro scherzo. Quando infatti fanno esplodere l'idrogeno strappato dalla compagna lo trasformano in elio e quando se ne accumula una porzione pari a circa il 20% della massa del Sole, anche questo si può innescare in modo esplosivo producendo carbonio e ossigeno. La differenza con l'idrogeno è però fondamentale. Se questo esplode quando se ne accumula di meno, l'esplosione dell'elio, visto che si innesca quando è molto più abbondante, crea una reazione a catena distruttiva. Il calore dell'esplosione dell'elio è così forte che riesce a scaldare tutta la nana bianca fino a oltre mezzo miliardo di gradi. E cosa succede a questa

126

temperatura, se ben ricordiamo? Che si può bruciare anche il carbonio. Una nana bianca di questo tipo è composta per gran parte di carbonio e questo è un vero e proprio disastro.

L'esplosione dell'elio innesca la fusione del carbonio, che poi innesca anche quella dell'ossigeno. La nana bianca non ha più scelta, le stesse leggi dell'Universo che avevano tenuto in vita la stella ora decidono la sua distruzione. La materia che brucia è così tanta che la nana bianca esplode in mille pezzi come un'immensa esplosione termonucleare, una gigantesca bomba H. Queste sono chiamate supernovae di tipo Ia, per distinguerle dalle esplosioni generate dalle stelle più massicce che avvengono a causa del collasso del nucleo di ferro.

Le supernovae Ia sono allora le esplosioni nucleari più grandi che l'Universo conosca, qualcosa che fa impallidire tutto l'arsenale nucleare degli esseri umani. Dell'oggetto che c'era prima non resta più alcuna traccia. Nessuna stella di neutroni, nessun buco nero; tutta la struttura stellare viene distrutta.

Cosa succede ora se al posto della nana bianca che succhia materia si trova una stella di neutroni o un buco nero? La materia che cade su una stella di neutroni si dispone in una specie di disco prima di precipitarvi e viene accelerata e scaldata così tanto da emettere un'intensa radiazione nei raggi x. Questi sistemi, infatti, vengono chiamate anche binarie x, perché una delle sue stelle sprigiona un'energia che di solito non viene mai osservata in astri più normali.

Se sulla stella di neutroni precipita una grande quantità di materia questa si può trasformare in un buco nero, anche se questo è un evento molto raro. Se al suo posto c'è già un buco nero che strappa materia alla compagna gigante rossa, l'effetto è lo stesso: il gas che viene scaldato prima di scomparire dietro l'orizzonte degli eventi emette raggi x ed è questo l'indizio principale che fa pensare agli astronomi che lì dentro debba esserci un buco nero a combinare tutto questo scompiglio.

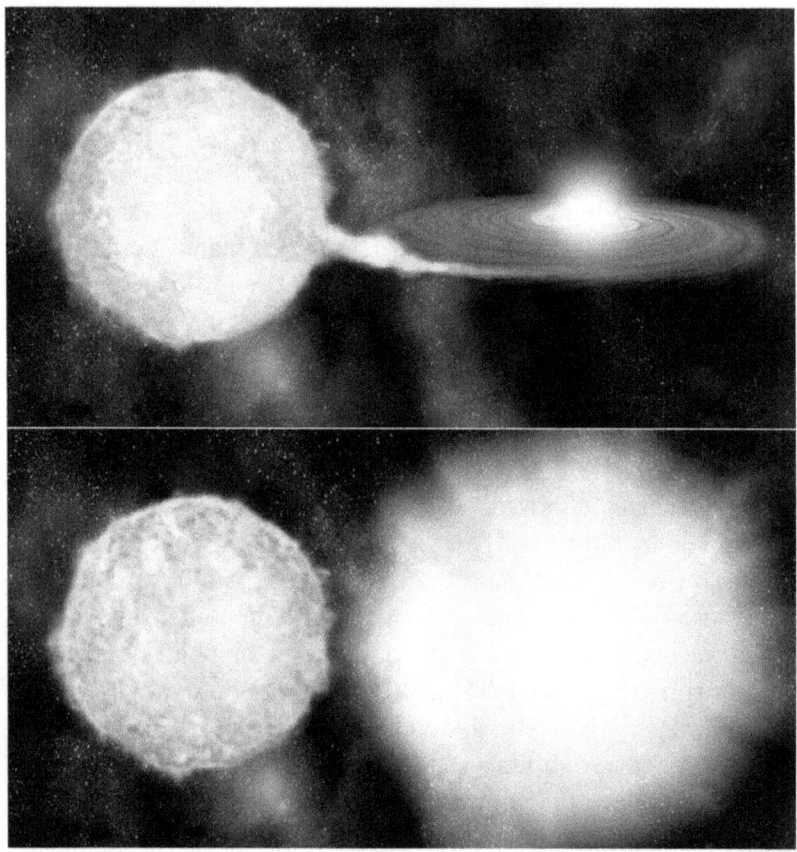

Le supernovae di tipo Ia sono prodotte dall'esplosione di una nana bianca che strappa materia a una compagna. Dopo varie fasi di nova in cui l'idrogeno strappato si incendia e fa accendere la superficie della nana bianca come una potentissima stella, sullo strato superficiale si accumula sempre più elio. A un certo punto l'elio attiva le reazioni di fusione nucleare. Il grande calore, sprigionato da una quantità di elio molto superiore a quella precedente di idrogeno che produceva le esplosioni superficiali, innesca la fusione rapidissima di tutto il carbonio e l'ossigeno di cui sono composti questi corpi celesti. L'enorme bomba termonucleare che esplode distrugge la nana bianca ma, a volte, non riesce a distruggere la stella compagna, che trasferendo grandi quantità di materia ha di fatto disintegrato un oggetto che avrebbe potuto vivere in modo tranquillo per sempre. A volte una cattiva compagnia può essere molto dannosa anche per le stelle!

128

Collisioni tra stelle

Ancora più rare dei sistemi doppi che si scambiano energia, le collisioni stellari sono fenomeni violenti che servono a spiegare alcune osservazioni particolari.

Durante lo scambio di materia tra due stelle doppie che orbitano molto vicine le une alle altre può accadere che queste si avvicinino sempre di più, soprattutto se sono così evolute da essersi trasformate già in nane bianche o stelle di neutroni.

Quando due oggetti così strani orbitano l'uno attorno all'altro a piccola distanza iniziano a perdere quantità apprezzabili di energia. Come ben sappiamo, l'energia nell'Universo non si può creare né distruggere. La rotazione delle stelle l'una intorno all'altra a distanza ravvicinata è un bell'esempio di molta energia al lavoro. Da dove viene però l'energia che le stelle usano per ruotare l'una intorno all'altra? Dalla forza di gravità, certo, ma questa dipende proprio dalle proprietà delle stelle. In effetti, se potessero ruotare in questa condizione per sempre avremmo inventato un modo per produrre energia infinita, una cosa impossibile.

Due nane bianche che ruotano vicine le une alle altre perdono energia in poco tempo e questo le fa avvicinare sempre di più. Il loro destino è scontato: prima o poi si scontreranno. Impossibile immaginare uno scontro tra nane bianche, ma sappiamo dire cosa può succedere. Se la massa complessiva supera le 1,44 masse solari, quando due nane bianche collidono dapprima si fondono, poi l'oggetto che si forma inizia a collassare su se stesso in modo molto rapido. Questo innesca il bruciamento dell'enorme quantità di carbonio presente e fa esplodere la nuova stella come una supernova di tipo Ia, come quella descritta nel paragrafo precedente

Se a scontrarsi e fondersi sono due stelle di neutroni, le cose sono ancora più catastrofiche. Se la massa complessiva del nuovo oggetto è superiore a 3 volte quella del Sole, allora la nuova stella di neutroni ha vita brevissima: questa inizia a collassare su se stessa e non c'è niente che la possa fermare. La materia si trasforma in un punto e si forma un buco nero. Parte della materia che ancora non si è immersa nell'orizzonte degli eventi viene scaldata, accelerata e convogliata verso i poli del buco nero, che emette un brevissimo e potentissimo fascio laser di raggi gamma. Le proprietà del raggio e il principio di emissione sono gli stessi visti per le ipernovae, ma la durata è minore, al massimo una decina di secondi. Impossibile, di nuovo, immaginare la collisione di due stelle di neutroni e nemmeno noi astronomi sappiamo in dettaglio cosa accade in quei violentissimi istanti. Solo da pochi anni abbiamo capito che alcuni lampi di raggi gamma che si osservano nel cielo possono essere prodotti da questo particolare fenomeno.

Cosa succede, infine, se due buchi neri si scontrano? In questo caso niente di spettacolare. Poiché i buchi neri sono neri, non può uscire nessun tipo di energia dall'interno dell'orizzonte degli eventi, quindi la fusione di due buchi neri non produce spettacoli pirotecnici ma solo un nuovo buco nero il cui orizzonte degli eventi sarà maggiore perché generato da una massa complessiva più grande.

Lo scontro di due stelle di neutroni è devastante. Queste in modo molto rapido collassano in un buco nero e dai suoi poli viene emesso un potentissimo fascio laser di raggi gamma simile a quello generato dalle ipernovae ma con una durata minore. I lampi gamma delle stelle di neutroni che si fondono durano solo pochi secondi, ma abbastanza per renderle visibili fino a oltre 10 miliardi di anni luce di distanza.

Non chiamiamola morte

Siamo arrivati alla fine del libro e, soprattutto, alla fine della vita, a volte sorprendente, delle stelle. Forse siamo un po' tristi, forse siamo contenti che il libro sia finito, o forse stiamo leggendo queste ultime pagine senza aver letto tutte le altre e allora non sappiamo che viaggio straordinario ci siamo persi.

In ogni caso ogni stella ha una fine. È vero, quelle più piccole e con poca materia vivranno forse più dell'Universo stesso, ma se questo finisce si trascina con sé tutti i suoi abitanti, anche se avrebbero potuto vivere quasi per sempre. E allora questa è una grande, forse la più grande lezione di vita, la stessa che in una frase un po' a effetto ho sparato nelle prime pagine di questo libro. Ora spero che alla fine di questo viaggio quella frase e il suo significato l'abbiamo compreso e condiviso un po' meglio: nulla nell'Universo è per sempre. Il concetto di immobilità, quindi di qualcosa che duri per l'eternità, non esiste tra le regole che governano il funzionamento di un ambiente che abbiamo scoperto essere molto, molto, molto più grande, esteso e complicato del piccolo pianeta sul quale noi minuscoli moscerini ci ritroviamo a vivere. Nulla nell'Universo vive in eterno, nemmeno l'Universo stesso. Ma nulla nell'Universo muore, nemmeno l'Universo stesso.

L'Universo, infatti, proprio con l'avventurosa vita delle stelle, ci ha insegnato qualcosa di incredibile sul concetto di morte. La morte, infatti, non esiste. Se nulla dura per sempre è altrettanto vero che niente scompare dalla faccia dell'Universo perché tutto si trasforma, in continuazione.

Tutte le stelle dal momento in cui nascono sanno che quella loro condizione di astri splendenti non è destinata a durare per sempre, ma sanno anche di far parte di un ciclo, un ciclo enorme, lunghissimo, che coinvolge tutto l'Universo e che nessuno può fermare. Un ciclo che comunque le vede protagoniste perché la trasformazione al termine della loro vita sarà nuova vita per altre generazioni di stelle o per esseri intelligenti come noi.

L'Universo, allora, proprio con il ciclo delle stelle ci insegna anche qualcos'altro, che potremmo applicare nella vita di tutti i giorni per affrontarla al meglio, nel rispetto di noi stessi e degli altri.

Le stelle si formano dalla materia presente nell'Universo. Compiono il loro ciclo vitale, producono molti elementi che all'inizio non esistevano e poi restituiscono di nuovo quasi tutto il materiale all'Universo. Quello che per loro era materia da scartare, non più utile al loro ciclo vitale, diventerà preziosa fonte per molti altri oggetti: per successive stelle, per i pianeti, per gli esseri viventi. Nulla va sprecato, perché nulla deve essere sprecato.

E allora noi, in tutto questo, non siamo altro che materia stellare presa in prestito per un centinaio d'anni, giusto per dare all'Universo la soddisfazione che in questo spazio sterminato e in gran parte buio c'è qualcuno che può ammirare lo spettacolo così perfetto che ha creato. E c'è davvero di cui essere orgogliosi, perché tra miliardi di miliardi di oggetti inanimati che non possono pensare, noi, piccoli esseri, abbiamo questo inestimabile dono. Siamo gli ambasciatori stessi dell'Universo, un ruolo che non sappiamo ancora quanti altri esseri su altri pianeti abbiano. Un giorno questi atomi coscienti che formano la nostra mente e i nostri pensieri ritroveranno la strada dello spazio e ricominceranno a viaggiare per tutta la Galassia, per l'Universo, pronti a iniziare una delle mille nuove avventure che li aspettano. Forse non si ritroveranno più tutti insieme come lo sono ora, ma di certo nel loro lunghissimo viaggio, all'interno di qualche nuova stella o pianeta, saranno orgogliosi di avere una storia in più da raccontare nel loro incredibile peregrinare cosmico. Potranno portare con sé il ricordo di un tempo lontano in cui potevano leggere, imparare, amare, sognare, capire il mondo che li circondava. Quanto è straordinario tutto questo? Miliardi di atomi inanimati che insieme formano un unico essere cosciente. E allora, a maggior ragione, gli atomi del nostro corpo meritano una vita così straordinaria da poterla ricordare con orgoglio per miliardi e miliardi di anni.

Non sprechiamo questa occasione concessa dall'Universo, cerchiamo di vivere al massimo coltivando sogni e passioni e combattendo ogni giorno per fare quello che più ci piace. Esploriamo, scopriamo, amiamo, sogniamo inventandoci traguardi e sfide che sembrano impossibili, ma che in realtà non lo saranno mai. Non poniamoci alcun limite, non lasciamoci influenzare dalle altre persone e non accontentiamoci di sopravvivere facendo cose che non ci piacciono. Gioiamo della vita in ogni sua sfumatura e impariamo a far tesoro anche delle sconfitte e dei momenti difficili, perché da questi potremo capire la giusta strada da seguire per raggiungere i nostri sogni. Lo dobbiamo a noi stessi e a questi atomi così preziosi di cui siamo fatti, che si aspettano un'avventura all'altezza di quelle già vissute.

E in effetti, anche se noi non lo ricordiamo, ogni atomo del nostro corpo ha già viaggiato per miliardi di anni, milioni di anni luce e ha visto cose che nessuno di noi può immaginare. Ha solcato i mari cosmici passando dai tumultuosi nuclei delle stelle ai più freddi e desolati luoghi dell'Universo, godendosi panorami straordinari, viaggiando a migliaia di chilometri al secondo e ammirando l'Universo che evolveva. Ha osservato la nascita di tante stelle e chissà quanti pianeti; si è scambiato idee ed energie con altri atomi provenienti anche da altre galassie ed ha assistito a cambiamenti epocali dell'Universo e della nostra Galassia. Gli atomi di idrogeno dell'acqua del nostro corpo si sono generati addirittura pochi minuti dopo la nascita dell'Universo, 13,8 miliardi di anni fa, e sono ciò che di più antico potremmo mai osservare. Rocce terrestri, fossili, monete antiche; in realtà per trovare qualcosa di antico, antichissimo, basta guardarci una mano o ammirare stupefatti l'acqua di una normale bottiglia. Nessun processo stellare produce atomi di idrogeno, quindi qualsiasi molecola o materiale che lo contiene custodisce la materia più antica dell'Universo, formatasi quando questo era più piccolo del nostro Sistema Solare e molto diverso rispetto ad ora.

Se ogni atomo del nostro corpo potesse parlare, saprebbe raccontare la storia dell'Universo molto meglio di qualsiasi uomo che mai vivrà su questo pianeta. Ma la storia degli esseri umani, quella, spetta a noi scriverla nel modo più straordinario possibile e lasciare che i nostri atomi la trasportino in futuro per tutto l'Universo.

Buona vita a tutti!

Bibliografia

Tutti i seguenti libri sono stati scritti dall'autore, quindi non possono che essere consigliati!

Testi di astronomia pratica
- **Come rilevare esopianeti con il proprio telescopio** *Amazon 2014.*
- **Astronomia amatoriale 2.0: idee originali per osservare e fotografare il cielo.** *Amazon 2014*
- Che spettacolo, ho visto Saturno! Guida del cielo per giovani e adulti. *Amazon 2013.*
- Tecniche, trucchi e segreti dell'imaging planetario: Il manuale completo per riprendere in alta risoluzione i corpi del Sistema Solare. *Amazon-Createspace 2013*
- Sotto il magnifico cielo d'Australia: Diario di viaggio nell'Australia tra natura, lo spettacolo del cielo australe e l'eclisse totale di Sole. *Amazon-Createspace 2013*
- Astronomia per tutti: 12 volumi di astronomia pratica e teorica. *Amazon-Createspace 2013*
- La mia prima guida del cielo: Mappe, miti e oggetti da osservare delle costellazioni visibili dall'Italia. *Lulu 2012*
- Astrofisica per tutti: scoprire l'Universo con il proprio telescopio. *Lulu 2012*
- L'Universo in 25 centimetri: tutto quello che è possibile fare con una camera planetaria e un telescopio amatoriale. *Springer 2011*
- Primo incontro con il cielo stellato: Il manuale più completo per avvicinarsi all'osservazione consapevole del cielo. *Lulu 2011*

Testi di astronomia teorica

- Vita nell'Universo: eccezione o regola? Viaggio nello spazio alla ricerca di eventuali forme di vita extraterrestri. *Amazon-Createspace 2013*
- Volando sulla Luna: Esplorare il nostro satellite con un telescopio amatoriale. Decine di immagini amatoriali della Luna ottenute con il mio telescopio e una panoramica sull'osservazione e l'esplorazione del nostro vicino di casa. *Amazon 2013*
- Nella mente dell'Universo: Viaggio attraverso le incredibili proprietà della Natura e la stupefacente genialità degli esseri umani. *Lulu 2012*
- **125 domande e curiosità sull'astronomia.** *Amazon 2013*
- Sulle spalle di un raggio di luce: domande di astronomia di un bambino che osserva il cielo con suo padre. *Lulu 2012*
- Conoscere, capire, esplorare il Sistema Solare: Misteri, meraviglie e speranze nella straordinaria avventura dell'osservazione e dell'esplorazione del nostro vicinato cosmico. *Lulu 2012*
- Galassie: proprietà, formazione ed evoluzione dei mattoni dell'Universo. *Lulu 2011*

Altri testi

- **Ora il mondo saprà tutto.** Romanzo di (fanta)scienza e avventura a tema astronomico. Amazon 2013
- Elettrostatica: Proprietà e grandezze associate ai campi elettrostatici. *Lulu 2011*

138

Biografia

Daniele Gasparri
è nato il 24 agosto 1983 nella campagna Umbra tra Perugia e Terni ed è laureato in astronomia all'università di Bologna La passione per il cielo è nata in occasione del suo decimo compleanno, quando ha ricevuto per regalo un binocolo astro-  nomico per osservare il cielo.
Da quel momento l'astronomia ha rappresentato gran parte della sua vita e condizionato tutte le scelte più importanti.
Ha collaborato dal 2007 al 2012 con la rivista di astronomia Coelum. Al suo attivo ha oltre 50 articoli divulgativi pubblicati sulla rivista e alcune pubblicazioni su riviste internazionali divulgative e accademiche (Sky and Telescope, Astronomy and Astrophysics).
È stato il primo al mondo a scoprire un pianeta extrasolare con strumentazione amatoriale (HD17156b) e a separare insieme all'astrofilo Antonello Medugno la coppia Plutone-Caronte.
Dal 2007 al 2014 si è occupato principalmente del pianeta Venere e ha sviluppato tecniche di ripresa che consentono di ottenere immagini della spessa coltre di nubi e della superficie con una risoluzione migliore di quella ottenuta con i potenti telescopi professionali.
La passione per la divulgazione lo porta spesso a tenere corsi di astronomia, conferenze e serate pubbliche.

È stato consigliere dell'UAI, l'Unione Astrofili Italiani ed è presidente dell'associazione astrofili Paolo Maffei di Perugia. Inoltre, come si sarà notato, ama scrivere libri. Questo è il suo 31 esimo, ma non ne è sicuro perché ormai ha perso il conto.

www.ingramcontent.com/pod-product-compliance
Lightning Source LLC
Chambersburg PA
CBHW051920170526
45168CB00001B/472